UG NX 8.0
产品设计与
数控加工案例精析

钟平福　主　编

唐　英　　李云峰　副主编

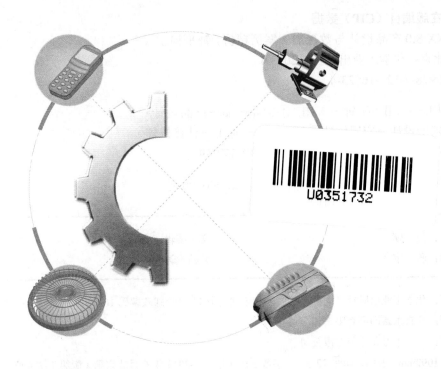

U0351732

化学工业出版社

·北京·

图书在版编目（CIP）数据

UG NX 8.0 产品设计与数控加工案例精析 / 钟平福主编. —北京：化学工业出版社，2013.4
ISBN 978-7-122-16623-4

Ⅰ．①U… Ⅱ．①钟… Ⅲ．①工业产品－产品设计－计算机辅助设计－应用软件②数控机床－加工－计算机辅助设计－应用软件 Ⅳ．①TB472-39②TG659-39

中国版本图书馆 CIP 数据核字（2013）第 040190 号

责任编辑：贾　娜　　　　　　　　　　　　文字编辑：余纪军
责任校对：蒋　宇　　　　　　　　　　　　装帧设计：王晓宇

出版发行：化学工业出版社（北京市东城区青年湖南街 13 号　邮政编码 100011）
印　　刷：北京永鑫印刷有限责任公司
装　　订：三河市万龙印装有限公司
787mm×1092mm　1/16　印张 12½　字数 301 千字　　2013 年 6 月北京第 1 版第 1 次印刷

购书咨询：010-64518888（传真：010-64519686）　　售后服务：010-64518899
网　　址：http://www.cip.com.cn

凡购买本书，如有缺损质量问题，本社销售中心负责调换。

定　　价：**49.00 元**

前　言 FOREWORD

　　UG NX8.0 是西门子公司最新开发的参数化三维设计软件，其界面与功能应用都有了全新的改变。本书以 UG NX8.0 为蓝本，详细介绍了利用 UG NX8.0 软件进行产品设计、模具设计及数控加工等一体化设计加工的过程。

　　本书分为三篇：产品设计篇、模具设计篇、数控加工篇。每篇都给出了典型实例，每个实例都给出了具体的设计过程或加工方案。书中介绍的每一个实例均来自于生产实际，并且每个实例都讲解一个或数个技术要点，可帮助读者在最短时间内掌握操作技巧。

　　本书具有如下特点。

　　1. 根据目前最新的软件版本 UG NX8.0 进行编写。

　　2. 完全按照企业的工作要求，以提供一体化的解决方案为目的而进行编写。从一个产品怎样开发，到怎样进行模具设计，最后怎样将这套模具进行数控加工，按照这样的顺序详细讲解。

　　3. 此书所用实例，全部采用笔者实际工作时设计的实例。

　　4. 设计实例难易得当，由浅入深，从易到难，各章节既相互独立又前后关联。

　　5. 列出了大量的技巧点拨，方便读者深入了解软件功能及操作要领。

　　6. 本书附有配套光盘。光盘中提供了本书的所有实例文件，并将相关范例的操作方法录制成 AVI 演示动画，同时配有语音讲解。

　　本书由钟平福主编，唐英、李云峰副主编，参与编写的还有刘小荣、张木青、张秀华、韩曙光、赵宏、何县雄等。在本书编写过程中，得到了深圳第二高级技工学校校领导的大力支持和帮助，同时也得到了华南理工大学工程训练中心以及许多同行的鼎力支持，在此一并表示衷心的感谢！

　　由于编者水平所限，不妥之处在所难免，恳请广大专家读者批评指正。

编　者

目录
CONTENTS

第**1**篇

产品设计篇

UG NX8.0
产品设计与数控加工案例精析

第1章

插座面盖设计

本章主要知识点 》》

- AutoCAD 图纸的编辑与存档
- 图纸的换档与编辑
- UG2 D 图纸的组立
- 实体建模

1.1 设计任务及思路分析

1.1.1 设计任务

  本章以插座面盖为例，讲述其设计过程，使读者灵活运用 UG 的相关命令进行 3D 造型。在接受设计任务时，首先要了解客户对这个产品提出有哪些技术要求及应用的材料等，有了第一手资料后，才开始进行设计。对于本产品，客户提供了现成的 2D 产品图，如图 1-1 所示。因此在设计时，只要将其产品图导入 UG 软件即可进行三维建模。同时客户提出如表 1-1 所示的要求。

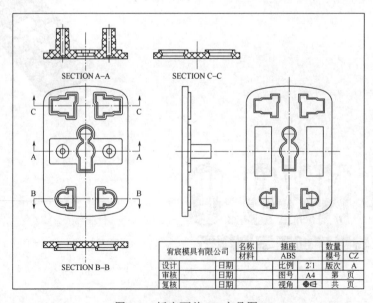

图 1-1　插座面盖 2D 产品图

表 1-1　客 户 要 求

材料	用途	产品外观要求	收缩率	模腔排位及数量	产量	备注
ABS	家电产品	外表没有流纹及披锋,无顶白等	0.5%	一模二腔	25 万	产品要求上下盖装配,且在配合公差内

1.1.2　设计思路分析

插座主要用于上下盖配合、插头的装拆与导电铜片的固定,在设计时应该注意各筋位的尺寸。具体设计流程如表 1-2 所示。

表 1-2　插座面盖设计流程

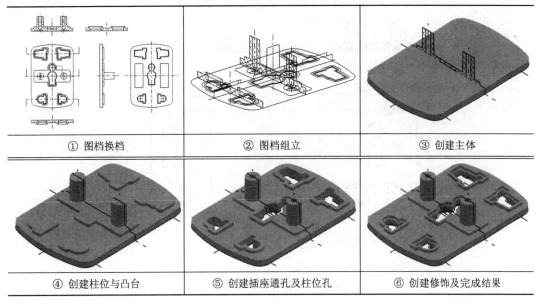

① 图档换档	② 图档组立	③ 创建主体
④ 创建柱位与凸台	⑤ 创建插座通孔及柱位孔	⑥ 创建修饰及完成结果

1.2　设计步骤

1.2.1　2D 图纸的编辑与转档

由于客户已经提供了 2D 产品图,只需对它的产品图进行相关的编辑与转档,即可在 UG 上进行 3D 设计,而不必花费太多精力去抄图。

 由于客户供给的图纸只有一份,为了保证原图纸的完整性,最好进行图档的备份,即不要在原图纸进行编辑。

步骤1　单击桌面 图标，打开 AutoCAD 2007 软件；选择【文件】|【打开】命令或单击 按钮，系统弹出【打开部件文件】对话框，在此找到放置练习文件夹 ch1 并选择 chazuo.dwg 文件，再单击 打开⑩ 按钮，进入 AutoCAD 主界面，结果如图 1-1 所示。

步骤2　选择【文件】|【另存为】命令，然后找到相关的盘符进行存盘，单击 保存⑤ 按钮完成图档备份。

　　1. 由于 CAD 版本较高，有可能造成 UG 转档不成功，因此，在备份图档时最好选择较低的版本进行存档。
　　2. 如果转档成功，却不在作图区显示时，可以使用图层管理进行显示图档。

步骤3　去除图框和尺寸，同时进行相关图层的管理设置，将产品移动到工作原点；选择【文件】|【保存】选项，完成保存操作，结果如图 1-2 所示。

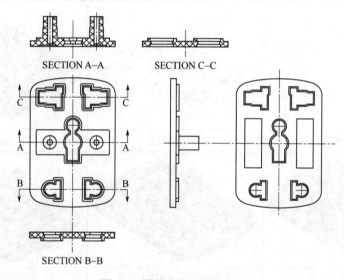

图 1-2　图档存盘与去除边框

步骤4　进入 NX8.0 软件环境。在主菜单工具栏中选择【文件】|【新建】命令或在【标准】工具条中单击 按钮，系统弹出【新建】对话框；在【文件名】文本框中输入"chazuo"，其余参数按系统默认，单击 确定 按钮进入软件建模环境。

步骤5　选择【文件】|【导入】|【AutoCAD DXF/DWG…】命令，系统弹出【AutoCAD DXF/DWG 导入向导】对话框，如图 1-3 所示；接着在【DXF/DWG 文件】文本框后面单击 按钮，系统弹出【DXF/DWG 文件】对话框。在此找到放置练习文件夹 ch1 并选择 chazuo.dwg 文件，单击 OK 按钮返回【DXF/DWG 文件】对话框，在此不做任何参数更改，单击 完成 按钮完成图形的转档操作，结果如图 1-4 所示。

　　1. 对于一些简单的图形，可以只转档关键的视图即可，不必将所有的图形都进行转档。
　　2. 有些视图在三维建模时，可能不需要用到，只是辅助看图。

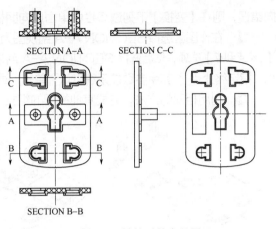

图 1-3　AutoCAD DXF/DWG 导入向导对话框　　　　图 1-4　转档后的产品图

1.2.2　图形的组立创建操作

　　由于转档过来的图形是平面二维图形，但在三维造型时是从三视图创建的，所以必须对现有图形进行组立成立体形。这个产品外观没有曲面形状，在此可以删除一些没有用的视图线框，以便作图。为了方便看图，可以进行图层的设置，将各个视图的线段进行整理，并移进各个图层，具体操作可参考随书配的光盘视频。

　　步骤 1　在主菜单工具栏中选择【编辑】|【删除】或在【标准】工具条中单击 **✕** 按钮或利用 **Ctrl+D**，系统弹出【删除】对话框，在此删除一些中心线及其余无关的线段，删除结果如图 1-5 所示。

　　步骤 2　在主菜单工具栏中选择【编辑】|【移动对象】或在【标准】工具条中单击 按钮，系统弹出【移动对象】对话框。

　　　　在作图区选择所有的线段为要移动的对象，在【变换】运动选项栏中选择【 **点到点** 】选项，然后选择主视图中的圆心为"指定出发点"，坐标原点为"指定终止点"；其余参数按系统默认，单击 **应用** 完成图形的移动操作，结果如图 1-6 所示。

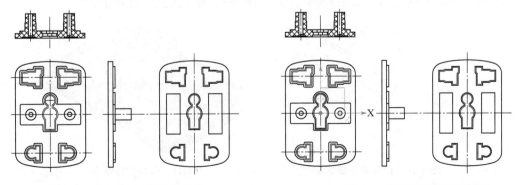

　　　　　　图 1-5　删除多余视图线框结果　　　　　　　　　图 1-6　移动视图结果

　　　　在作图区选择 SECTION A-A 剖视图为要移动的对象，在【变换】运动选项栏中选择【 **角度** 】选项，然后选择剖视图底部的线段为"指定矢量"；在【角度】文本框中输入 90，其余参数按系统默认，单击 **应用** 完成图形的旋转操作，结果如图 1-7 所示（注：如果旋转方向错误，则在【变换】下列选项栏中单击反向图标⊠按钮以改变方向)。

　　在作图区选择 SECTION A-A 剖视图为要移动的对象，在【变换】运动选项栏中选择【✐ 点到点】选项，然后选择 SECTION A-A 剖视图底边的中心点为"指定出发点"，坐标原点为"指定终止点"；其余参数按系统默认，单击 应用 完成图形的移动操作，结果如图 1-8 所示。

　　利用相同的方法，完成其他视图的组立，结果如图 1-9 所示。

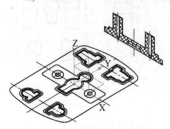

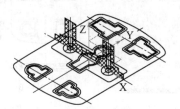
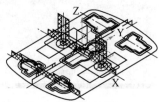

图 1-7　旋转视图结果　　　　图 1-8　组成立体视图结果　　　　图 1-9　视图组立最终结果

技能点拨　　　对一些简单的图形，可以直接用一个主视图进行创建，对于一些不规则图形，则要进行多次组合视图。

1.2.3　创建主体操作

　　由于组立后的视图会有重叠，不方便选择相应的线段，则要利用图层进行相应的管理。

步骤1　图层设置　在主菜单工具栏中选择【格式】|【图层设置】命令或在【实用工具】工具条中单击 按钮，系统弹出【图层设置】对话框。

　　在【图层】选项中勾选 ☑类别显示选项，接着去除 43、44、45 的图层为不可见的层，单击 关闭 完成工作图层设置。

步骤2　创建主体外形　在主菜单工具栏中选择【插入】|【设计特征】|【拉伸】命令或在【特征】工具条中单击 按钮，系统弹出【拉伸】对话框。

　　在作图区选择图 1-10 所示的线段为拉伸截面；在【终点】的【距离】文本框中输入4.8，其余参数按系统默认，单击 确定 完成拉伸操作，结果如图 1-11 所示。

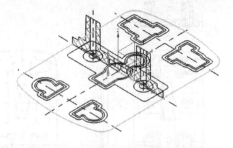
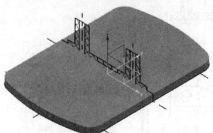

图 1-10　拉伸截面线选择　　　　　图 1-11　拉伸实体结果

步骤3　创建柱位及凸台。

　　（1）创建凸台　在主菜单工具栏中选择【插入】|【设计特征】|【拉伸】命令或在【特征】工具条中单击 按钮，系统弹出【拉伸】对话框。

　　在作图区选择图 1-12 所示的线段为拉伸截面；在【终点】的【距离】文本框中输入

4.8，其余参数按系统默认，单击 应用 完成拉伸操作，结果如图 1-13 所示。

 为了避免重复选择【拉伸】命令，可以单击 应用 按钮完成第一次拉伸操作，并不退出【拉伸】对话框。

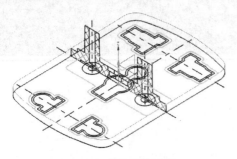

图 1-12　拉伸截面线选择

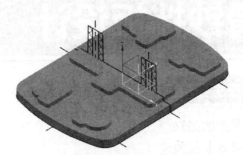

图 1-13　凸台创建结果

（2）创建柱位

▣ 在作图区选择图 1-14 所示的线段为拉伸截面；在【终点】的【距离】文本框中输入 24.4，其余参数按系统默认，单击 确定 完成拉伸操作，结果如图 1-15 所示。

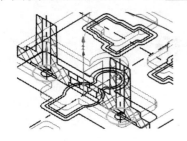

图 1-14　拉伸截面线选择

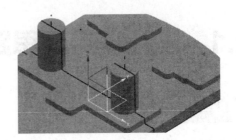

图 1-15　拉伸结果

▣ 在主菜单工具栏中选择【插入】|【细节特征】|【拔模】命令或在【特征】工具条中单击 按钮，系统弹出【拔模】对话框。

▣ 在作图区选择柱位顶面为固定平面，然后选择两个柱位面为要拔模的面，最后在【角度】文本框中输入 1，其余参数按系统默认，单击 确定 完成拔模操作，结果如图 1-16 所示。

步骤 4 创建插座通孔及柱位孔　利用以上几个步骤的拉伸命令完成插座通孔及柱位孔的创建，结果如图 1-17 所示。

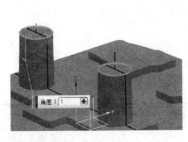

图 1-16　拔模结果

图 1-17　插座面盖设计结果

第**2**章

滑钞挡板设计

本章主要知识点 »

- 草图的建立
- 基本曲线创建
- 有界平面操作
- 通过曲线网格操作
- 抽壳与拉伸操作
- 修剪体

2.1 设计任务及思路分析

2.1.1 设计任务

本章设计任务为验钞机的滑钞挡板，在设计时应查看相关资料，了解滑钞挡板的用途及装配要求，同时分析使用材料等，三维产品如图 2-1 所示。同时客户也提出了相关要求，具体见表 2-1。

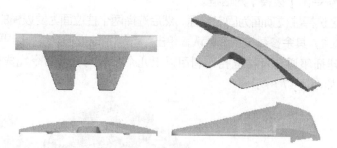

图 2-1 三维产品

表 2-1 客 户 要 求

材料	用途	产品外观要求	收缩率	模腔排位及数量	产量	备注
ABS	办公用品	外表光滑，无明显收缩、翘起	0.5%	一模一腔	25 万	产品要求与验钞机外壳配合，并能顺利滑动

2.1.2 设计思路分析

滑钞挡板设计流程如表 2-2 所示。

表 2-2 滑钞挡板设计流程

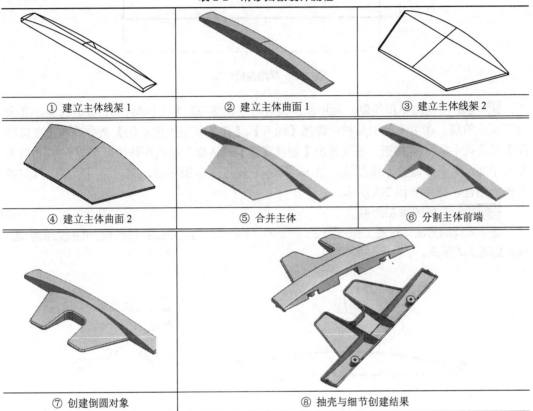

① 建立主体线架 1	② 建立主体曲面 1	③ 建立主体线架 2
④ 建立主体曲面 2	⑤ 合并主体	⑥ 分割主体前端
⑦ 创建倒圆对象	⑧ 抽壳与细节创建结果	

2.2 设计步骤

上一节大概分析了产品的作图,下面将详细介绍其操作过程。其过程大概可以分为:线架的构建与图层的管理;产品外形的创建以及产品细节设计三大步骤。

步骤1 进入 NX8.0 软件环境。在主菜单工具栏中选择【文件】|【新建】命令或在【标准】工具条中单击 按钮,系统弹出【新建】对话框;在【文件名】文本框中输入"huachaoban",其余参数按系统默认,单击 确定 按钮进入软件建模环境。

步骤2 俯视图草图绘制。利用图层设置命令设置 21 为工作层,61 为可选层,其余为不可见的层。在主菜单工具栏中选择【插入】|【任务环境中的草图】命令或在【直接草图】工具条中单击 按钮,系统【创建草图】对话框。在此不做任何更改,单击 确定 按钮进入草图环境,同时利用草图工具完成草图的创建,结果如图 2-2 所示。

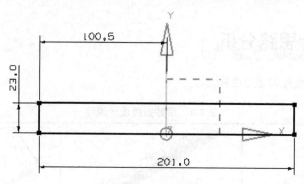

图 2-2　草图曲线结果

步骤 3　前视图草图绘制。利用图层设置命令设置 22 为工作层，61 为可选层，其余为不可见的层。在主菜单工具栏中选择【插入】|【任务环境中的草图】命令或在【直接草图】工具条中单击 按钮，系统弹出【创建草图】对话框。接着在作图区选择 X-Z 平面为草图平面，其余参数按系统默认，单击 确定 按钮进入草图环境，同时利用草图工具完成草图的创建，结果如图 2-3 所示。

步骤 4　右视图草图绘制。

　　同样的方法，设置工作层为 23 层，21、22、61 为可选层完成右视图的线段的创建，结果如图 2-4 所示。

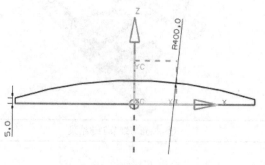

图 2-3　前视图草图结果

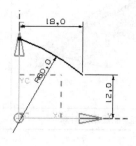

图 2-4　右视图草图 1 结果

　　1. 利用草图创建的线段一般都放在 21~40 层，因此每做一个草图，最好设置一个图层与其对应。

　　2. 每个草图尽可能简单，目的是为了便于约束和修改。

　　3. 一般情况下，圆角和斜角都不在草图里面创建。

步骤 5　利用图层设置命令设置 24 为工作层；利用步骤 3 和步骤 4 的操作过程，完成左视的草图创建，结果如图 2-5 所示。

步骤 6　镜像左视图曲线。利用图层设置命令设置 41 为工作层，21、22、61 为可选层，其余为不可见的层。在主菜单工具栏中单击【插入】|【来自曲线集的曲线】|【镜像】或在【曲线】工具条中单击图标 按钮，系统弹出【镜像曲线】对话框。

　　在作图区选择左视图的线段为镜像曲线，接着在作图区选择右视图基准平面的镜像平面，其余参数系统默认，单击 确定 完成镜像曲线操作，结果如图 2-6 所示。

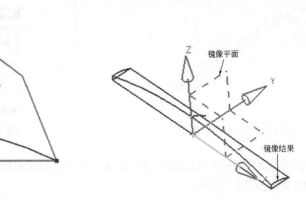

图 2-5 左视图草图结果　　　　　　　图 2-6 镜像曲线结果

步骤 7 创建主体曲面。

（1）利用图层设置命令设置 1 为工作层，22、23、24 为可选层，其余为不可见的层。在主菜单工具栏中单击【插入】|【网格曲面】|【艺术曲面】或在【曲面】工具条中单击图标按钮，系统弹出【艺术曲面】对话框，如图 2-7 所示。

　在作图区选择图 2-8 所示的线段为截面 1，单击两次鼠标中键，系统跳至【引导（交叉）曲线】卷展栏选项。

　在作图区依序选择图 2-9 所示的线段为引导线，其余参数按系统默认，单击 确定 完成艺术曲面操作，结果如图 2-10 所示。

图 2-7 【艺术曲面】对话框

图 2-8 截面线选择对象

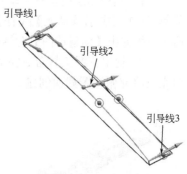

图 2-9 引导线选择对象

（2）利用图层设置命令设置 1 为工作层，21 为可选层，其余为不可见的层。在主菜单工具栏中单击【插入】|【曲面】|【有界平面】或在【特征】工具条中单击图标按钮，系统弹出【有界平面】对话框，如图 2-11 所示。

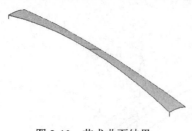

图 2-10 艺术曲面结果

图 2-11 【有界平面】对话框

　　在作图区选择所有曲线段为平面截面，其余参数按系统默认，单击 确定 完成有界平面操作，结果如图 2-12 所示。

（3）利用上述相同的方法，完成有界平面的创建，结果如图 2-13 所示。

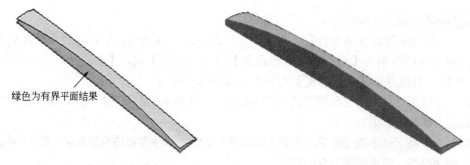

绿色为有界平面结果

图 2-12 有界平面创建结果　　　　　　图 2-13 主体曲面结果

　　步骤8 主体曲面实体化。利用图层设置命令设置 1 为工作层，其余为不可见的层。在主菜单工具栏中单击【插入】|【组合体】|【缝合】或在【特征操作】工具条中单击图标 按钮，系统弹出【缝合】对话框。在作图区选择艺术曲面为目标片体，接着在作图区框选所有曲面为工具片体，其余参数按系统默认，单击 确定 完成缝合操作，结果如图 2-14 所示。

　　步骤9 创建挡板截面 1。

　　（1）利用图层设置命令设置 25 为工作层，1、61 为可选层，其余为不可见的层。在主菜单工具栏中选择【插入】|【任务环境中的草图】命令或在【直接草图】工具条中单击 按钮，系统弹出【创建草图】对话框。在此不做任何更改，单击 确定 系统进入草图环境。

　　（2）利用草图工具命令完成草图的创建操作，结果如图 2-15 所示，单击 完成草图 按钮完成前部俯视图截面创建。

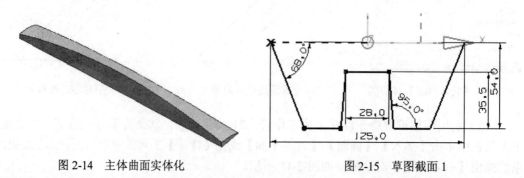

图 2-14 主体曲面实体化　　　　　　图 2-15 草图截面 1

步骤10 创建挡板截面 2。

（1）利用图层设置命令设置 26 为工作层，25、61 为可选层，其余为不可见的层。在主菜单工具栏中选择【插入】|【任务环境中的草图】命令或在【直接草图】工具条中单击 按钮，系统弹出【创建草图】对话框。接着选择 X-Z 平面为草图平面，单击 确定 系统进入草图环境。

（2）利用草图工具命令完成草图的创建操作，结果如图 2-16 所示，单击 完成草图 按钮完成前部俯视图截面创建。

步骤11 创建挡板截面 3。

（1）利用图层设置命令设置 27 为工作层，25、26、61 为可选层，其余为不可见的层。在主菜单工具栏中选择【插入】|【任务环境中的草图】命令或在【直接草图】工具条中单击 按钮，系统弹出【创建草图】对话框。在作图区选择 Y-Z 平面为草图平面，其余参数按系统默认，单击 确定 系统进入草图环境。

（2）利用草图工具命令完成草图的创建操作，结果如图 2-17 所示，单击 完成草图 按钮完成前部前视图截面创建。

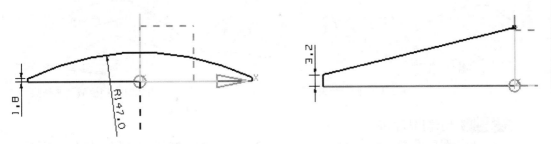

图 2-16　草图截面 2　　　　　　　　　　图 2-17　草图截面 3

步骤12 创建挡板截面 4。

（1）利用图层设置命令设置 63 为工作层，27、61 为可选层，其余为不可见的层。在主菜单工具栏中单击【插入】|【基准/点】|【基准平面】或在【特征】工具条中单击图标 按钮，系统弹出【基准平面】对话框。

　在作图区选择前段直线为要定义平面的对象，同时选择 X-Z 平面为要定义平面的对象，其余参数按系统默认，单击 确定 完成基准平面创建，结果如图 2-18 所示。

（2）利用图层设置命令设置 28 为工作层，25、27、63 为可见层，其余为不可见的层。在主菜单工具栏中选择【插入】|【任务环境中的草图】命令或在【直接草图】工具条中单击 按钮，系统弹出【创建草图】对话框。在作图区选择如图 2-18 所示的平面为草图平面，其余参数按系统默认，单击 确定 系统进入草图环境。利用草图工具命令完成草图的创建操作，结果如图 2-19 所示，单击 完成草图 按钮完成前部前视图截面创建。

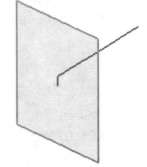

图 2-18　基准平面创建结果

步骤13 创建挡板截面 5。利用图层设置命令设置 42 为工作层，25、26、28 为可选层，其余为不可见的层。在主菜单工具栏中单击【插入】|【曲线】|【直线】或在【曲线】工具条中单击图标 按钮，系统弹出【直线】对话框。

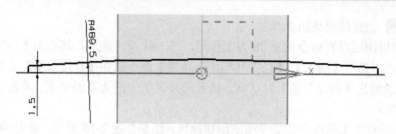

图 2-19　草图截面 4

    在作图区选择其中一直线端点为直线起点，选择另一直线端点为直线终点，其余参数按系统默认，单击 确定 完成直线创建，结果如图 2-20 所示。

    利用相同的方法，完成另一侧的直线创建，最终结果如图 2-21 所示。

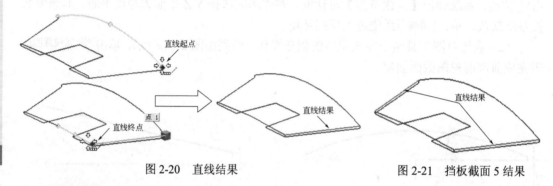

图 2-20　直线结果 　　　　　　　　图 2-21　挡板截面 5 结果

步骤14　创建挡板曲面。

（1）利用图层设置命令设置 2 为工作层，25、26、27、28 为可选层，其余为不可见的层。在主菜单工具栏中单击【插入】|【网格曲面】|【通过曲线网格】或在【曲面】工具条中单击图标 按钮，系统弹出【通过曲线网格】对话框。

    在作图区依序选择直线为主曲线（注：每选完一组线串都单击中键一次），然后单击鼠标中键，完成主曲线选择。

    在【交叉曲线】下拉选项单击【新建】，接着在作图区依序选择圆弧为交叉曲线，其余参数按系统默认，单击 确定 完成通过曲线网格的操作，结果如图 2-22 所示。

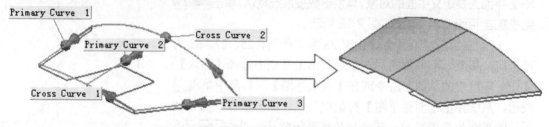

图 2-22　通过曲线网格结果

（2）在主菜单工具栏中单击【插入】|【曲面】|【有界平面】或在【特征】工具条中单击图标 按钮，系统弹出【有界平面】对话框。

    在作图区选择右侧曲线段为平面截面，其余参数按系统默认，单击 确定 完成有界平面操作，结果如图 2-23 所示。

利用相同的方法，完成剩余面的创建，结果如图 2-24 所示。

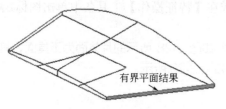

图 2-23　有界平面结果

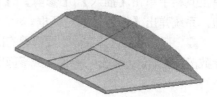

图 2-24　有界平面最终结果

步骤15　挡板曲面实体化。利用图层设置命令设置 2 为工作层，其余为不可见的层。在主菜单工具栏中单击【插入】|【组合体】|【缝合】或在【特征操作】工具条中单击图标 ▥ 按钮，系统弹出【缝合】对话框。在作图区选择其中一个片体为目标片体，接着在作图区框选所有曲面为工具片体，其余参数按系统默认，单击 [确定] 完成缝合操作，结果如图 2-25 所示。

步骤16　主体与挡板实体合并。利用图层设置命令设置 1 为工作层，2 为可选层，其余为不可见的层。在主菜单工具栏中单击【插入】|【组合体】|【求和】或在【特征操作】工具条中单击图标 ▧ 按钮，系统弹出【求和】对话框。在作图区选择主体为目标体，接着在作图区选择挡板实体为工具体，其余参数按系统默认，单击 [确定] 完成求和操作，结果如图 2-26 所示。

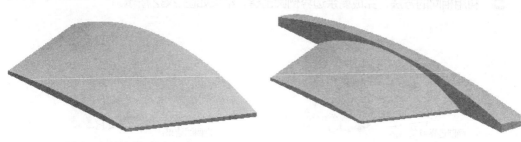

图 2-25　挡板曲面实体结果

图 2-26　求和结果

步骤17　修剪挡板前端对象。

（1）利用图层设置命令设置 11 为工作层，25 为可选层，其余为不可见的层。在主菜单工具栏中单击【插入】|【设计特征】|【拉伸】或在【特征】工具条中单击图标 ▥ 按钮，系统弹出【拉伸】对话框。

在作图区选择图 2-27 所示的线段为拉伸截面；在【终点】的【距离】文本框中输入 25，其余参数按系统默认，单击 [确定] 完成拉伸操作，结果如图 2-28 所示。

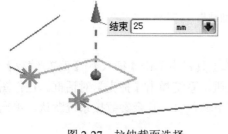

结束 25　mm

图 2-27　拉伸截面选择

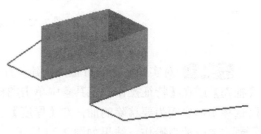

图 2-28　拉伸结果

（2）利用图层设置命令设置 1 为工作层，11 为可选层，其余为不可见的层。在主菜单工具栏中单击【插入】|【修剪】|【修剪体】或在【特征操作】工具条中单击图标▇按钮，系统弹出【修剪体】对话框。

➡️　在作图区选择实体为要修剪的目标体，接着如图 2-28 所示的片体面为工具面，其余参数按系统默认，单击【确定】完成修剪操作，结果如图 2-29 所示。

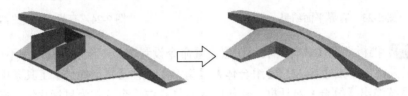

图 2-29　修剪挡板前端结果

步骤18　细节特征设计。利用图层设置命令设置 1 为工作层，其余为不可见的层。在主菜单工具栏中单击【插入】|【细节特征】|【边倒圆】或在【特征操作】工具条中单击图标▇按钮，系统弹出【边倒圆】对话框。

➡️　在作图区选择图 2-30 所示的边界为倒圆边界，在【Radius 1】文本框中输入 6.5，其余参数按系统默认，单击【确定】完成边倒圆操作，结果如图 2-31 所示。

➡️　利用相同的方法，完成剩余边界倒圆创建，结果如图 2-32 所示。

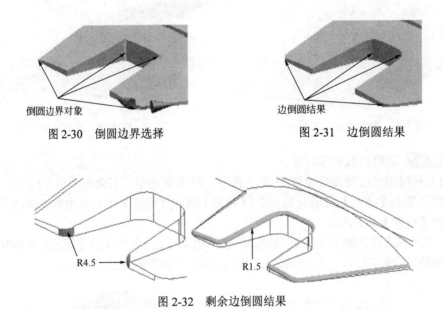

倒圆边界对象

图 2-30　倒圆边界选择

边倒圆结果

图 2-31　边倒圆结果

R4.5 ←　　　　　R1.5

图 2-32　剩余边倒圆结果

步骤19　对实体特征进行抽壳创建。在主菜单工具栏中单击【插入】|【偏置/缩放】|【抽壳】或在【特征操作】工具条中单击图标▇按钮，系统弹出【抽壳】对话框。在作图区选择实体底面为要移除的面；在【厚度】文本框中输入 1，其余参数按系统默认，单击【确定】完成抽壳操作，结果如图 2-33 所示。

图 2-33 抽壳结果

步骤 20 利用相关的建模功能，完成内部结果设计，最终结果如图 2-34 所示。

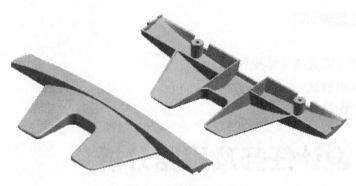

图 2-34 滑钞挡板设计结果

第**3**章

电热扇底座设计

本章主要知识点 ▶▶

- 草图创建与旋转创建
- 曲线投影
- 通过曲线组与修剪的片体操作
- 缝合与特征组创建
- 修剪体与实例特征

3.1 设计任务及思路分析

3.1.1 设计任务

本章的设计任务是电热扇底座设计,在设计时要考虑主体和底座之间的配合,因为它们之间要做滑行运动。电热扇底座的作用在于支撑主体,使主体能够在底座上进行旋转运动,这种结构与电脑显示器的底座类似,效果如图 3-1 所示。客户要求如表 3-1 所示。

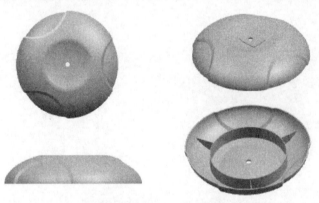

图 3-1　电热扇底座设计结果

表 3-1　客 户 要 求

材料	用途	产品外观要求	收缩率	模腔排位及数量	产量	备注
PC+ABS	家电产品	外表光滑;没有流纹及披锋,无顶白等	0.5%	一模一腔	20 万	产品要求装配,且能顺畅运动

3.1.2 设计思路分析

由于客户没有提供 2D 产品图，只给出设计尺寸参考范围和电脑显示器的底座产品，要参考电脑显示器的底座作相对应的产品更改，具体设计流程如表 3-2 所示。

表 3-2 电热扇底座设计流程

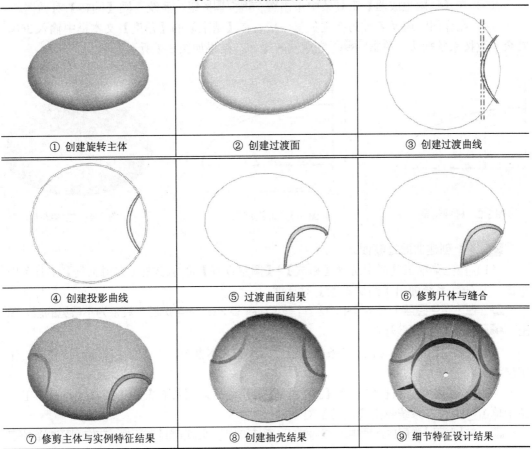

① 创建旋转主体	② 创建过渡面	③ 创建过渡曲线
④ 创建投影曲线	⑤ 过渡曲面结果	⑥ 修剪片体与缝合
⑦ 修剪主体与实例特征结果	⑧ 创建抽壳结果	⑨ 细节特征设计结果

3.2 设计步骤

上一节大体介绍了电热扇底座的设计流程，下面将详细介绍其设计步骤。

步骤 1 进入 NX8.0 软件环境。在主菜单工具栏中选择【文件】|【新建】命令或在【标准】工具条中单击 按钮，系统弹出【新建】对话框；在【名称】文本框中输入 "dizuo"，其余参数按系统默认，单击 **确定** 按钮进入软件建模环境。

步骤 2 创建主体。

（1）在主菜单工具栏中选择【插入】|【设计特征】|【旋转】命令或在【特征】工具条中单击 按钮，系统弹出【回转】对话框。

➡ 在【截面】卷展栏选项中单击■按钮，系统弹出【创建草图】对话框。在作图区选择 X-Z 平面为草图平面，其余参数按系统默认，单击 确定 系统进入草图环境。在【草图工具】工具条中单击●按钮，系统弹出【椭圆】对话框。在作图区作出相关草图对象，结果如图 3-2 所示。

（2）圆弧尺寸标注。在【草图工具】工具条中单击■按钮，然后标注圆弧的相关尺寸，结果如图 3-3 所示。

（3）在【草图生成器】工具条中单击■ 完成草图按钮，系统返回【回转】对话框。

（4）在作图区选择 Z 轴为指定矢量，接着在【结束】的【角度】文本框中输入 360，其余参数按系统默认，单击 确定 完成回转操作，结果如图 3-4 所示。

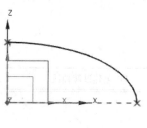

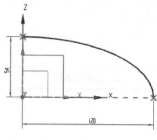

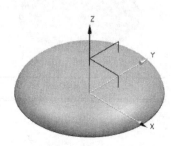

图 3-2 椭圆结果   图 3-3 标注结果   图 3-4 主体结果

步骤 3 创建曲面过渡面。

（1）在主菜单工具栏中选择【格式】|【图层设置】命令或在【实用工具】工具条中单击■按钮，系统弹出【图层设置】对话框。

➡ 在【工作图层】文本框中输入 11 按 Enter 键，61 为可选层，其余为不可见的层，单击 关闭 完成工作图层设置。

（2）或在【实用工具】工具条的【工作图层】文本框中输入 11，按 Enter 键完成工作图层设置。

（3）在主菜单工具栏中选择【插入】|【设计特征】|【旋转】命令或在【特征】工具条中单击■按钮，系统弹出【回转】对话框。

➡ 在【截面】卷展栏选项中单击■按钮，系统弹出【创建草图】对话框。在作图区选择 X-Z 平面为草图平面，其余参数按系统默认，单击 确定 系统进入草图环境。在【草图工具】工具条中单击●按钮，系统弹出【椭圆】对话框。在作图区作出相关草图对象，结果如图 3-5 所示。

（4）圆弧尺寸标注。在【草图工具】工具条中单击■按钮，然后标注圆弧的相关尺寸，结果如图 3-6 所示。

（5）在【草图生成器】工具条中单击■ 完成草图按钮，系统返回【回转】对话框。

（6）在作图区选择 Z 轴为指定矢量，接着在【结束】的【角度】文本框中输入 360，在【设置】卷展栏选项的【体类型】下拉选项选择 片体 选项，其余参数按系统默认，单击 确定 完成回转操作，结果如图 3-7 所示。

步骤 4 创建投影曲线。

（1）利用图层设置命令进行设置 21 为工作层，61 为可选层，其余为不可见的层。在主菜单工具栏中选择【插入】|【草图】命令或在【特征】工具条中单击■按钮，系统弹出【创建草图】对话框，其余参数按系统默认，单击 确定 进入草图环境。

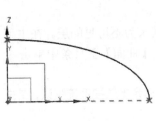

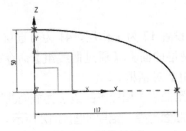

| 图 3-5　椭圆结果 | 图 3-6　标注结果 | 图 3-7　旋转结果 |

利用艺术样条命令进行草图创建，同时用几何约束命令约束艺术样条关于 X 轴对称，并利用尺寸约束进行尺寸标注，结果如图 3-8 所示。在【草图生成器】工具条中单击 ▧ **完成草图** 按钮完成草图创建。

（2）利用图层设置命令进行设置 22 为工作层，61 为可选层，其余为不可见的层。同时利用草图命令，完成第二条艺术样条创建，结果如图 3-9 所示。

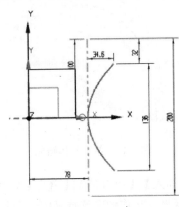
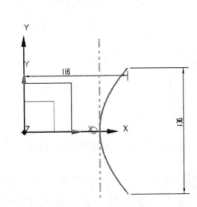

| 图 3-8　艺术样条 1 结果 | 图 3-9　艺术样条 2 结果 |

（3）利用图层设置命令进行设置 41 为工作层，1、11、21、22 为可选层，其余为不可见的层。在主菜单工具栏中选择【插入】|【来自曲线集的曲线】|【投影】命令或在【曲线】工具条中单击 ▱ 按钮，系统弹出【投影曲线】对话框。

在作图区选择如图 3-8 所示的艺术样条为要投影的曲线；接着选择实体表面为投影对象；在【投影方向】下拉选项选择【沿矢量】选项，同时选择 Z 为投影方向，其余参数按系统默认，单击 **确定** 完成投影曲线操作，结果如图 3-10 所示。

利用相同的方法，完成另一艺术样条曲线的投影，结果如图 3-11 所示。

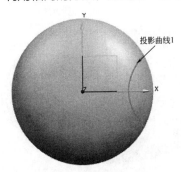
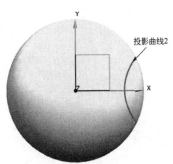

| 图 3-10　投影曲线 1 结果 | 图 3-11　投影曲线 2 结果 |

步骤5 创建过渡曲面。

（1）利用图层设置命令设置 12 为工作层，41 为可选层，其余为不可见的层。在主菜单工具栏中选择【插入】|【网格曲面】|【通过曲线组】命令或在【曲面】工具条中单击 按钮，系统弹出【通过曲线组】对话框。

➡ 在作图区依序选择投影曲线 1 和投影曲线 2 为截面曲线，其余参数按系统默认，单击 确定 按钮，完成通过曲线组曲面创建，结果如图 3-12 所示。

（2）利用图层设置命令设置 11 为工作层，12 为可选层，其余为不可见的层。在主菜单工具栏中选择【插入】|【修剪】|【修剪的片体】命令或在【特征】工具条中单击 按钮，系统弹出【修剪的片体】对话框。

➡ 在作图区选择旋转曲面为要修剪的片体，投影曲线 2 为边界对象，其余参数按系统默认，单击 确定 按钮，完成修剪的片体创建，结果如图 3-13 所示。

图 3-12　通过曲线组创建结果

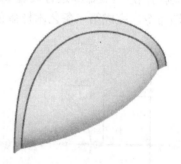

图 3-13　修剪片体结果

步骤6 缝合曲面。在主菜单工具栏中选择【插入】|【组合体】|【缝合】命令或在【特征】工具条中单击 按钮，系统弹出【缝合】对话框。在作图区选择其中一个片体为目标片体，接着选择另一个片体为工具片体，其余参数按系统默认，单击 确定 完成缝合的创建，结果如图 3-14 所示。

步骤7 修剪主体。利用图层设置命令设置 1 为工作层，11 为可选层，其余为不可见的层。在主菜单工具栏中单击【插入】|【修剪】|【修剪体】或在【特征】工具条中单击图标 按钮，系统弹出【修剪体】对话框。

➡ 在作图区选择实体为要修剪的目标体，单击鼠标中键，系统跳转至【刀具】选项，接着在作图区选择如图 3-14 所示的曲面为刀具体，其余参数按系统默认，单击 确定 完成修剪体操作，结果如图 3-15 所示。

图 3-14　缝合曲面结果

图 3-15　修剪主体结果

步骤8 阵列对象。在主菜单工具栏中单击【插入】|【关联复制】|【阵列面】或在【特征】工具条中单击图标 ⊞ 按钮，系统弹出【阵列面】对话框，如图3-16所示。

▶ 在【类型】卷展栏选项中选择 ⊞ 圆形阵列 ▼ 选项，接着在作图区选择修剪后的面为要复制的面，然后选择Z轴为旋转轴。

▶ 在【数量】文本框中输入3，【角度】文本框中输入120，其余参数按系统默认，完成圆形阵列的创建，结果如图3-17所示。

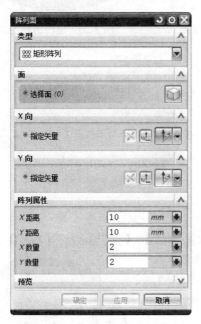

图3-16 【阵列面】对话框

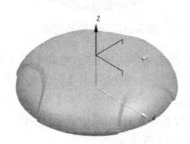

图3-17 阵列结果

步骤9 细节特征设计。

（1）创建底座弧面。在主菜单工具栏中选择【插入】|【设计特征】|【旋转】命令或在【特征】工具条中单击 ￥ 按钮，系统弹出【回转】对话框。

▶ 在【截面】卷展栏选项中单击 ⊞ 按钮，系统弹出【创建草图】对话框。在作图区选择X-Z平面为草图平面，其余参数按系统默认，单击 确定 系统进入草图环境。在【草图工具】工具条中单击 ￥ 按钮，系统弹出【圆弧】对话框。在作图区作出相关草图对象，结果如图3-18所示。

（2）圆弧尺寸标注。在【草图工具】工具条中单击 ￥ 按钮，然后标注圆弧的相关尺寸，结果如图3-19所示。在【草图生成器】工具条中单击 ▨ 完成草图按钮，系统返回【回转】对话框。

（3）在作图区选择Z轴为指定矢量，接着在【结束】的【角度】文本框中输入360，在【布尔】卷展栏选项的【布尔】下拉选项选择 ⊟ 求差 ▼ 选项，其余参数按系统默认，单击 确定 完成回转操作，结果如图3-20所示。

（4）在主菜单工具栏中单击【插入】|【细节特征】|【边倒圆】或在【特征操作】工具条中单击图标 ▨ 按钮，系统弹出【边倒圆】对话框。

▶ 在作图区选择图3-21所示的边界为倒圆边界，在【Radius 1】文本框中输入15，其余参数按系统默认，单击 ＜确定＞ 完成边倒圆操作，结果如图3-22所示。

UG NX8.0 产品设计与数控加工案例精析

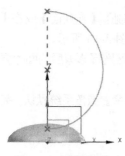

图 3-18 圆弧结果

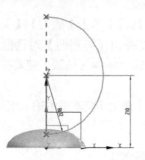

图 3-19 标注结果

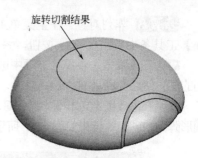

图 3-20 旋转切割主体

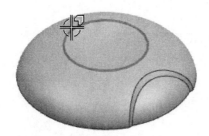

图 3-21 倒圆边界选择

图 3-22 边倒圆结果

（5）在主菜单工具栏中单击【插入】|【偏置/缩放】|【抽壳】或在【特征】工具条中单击图标 按钮，系统弹出【壳】对话框。在作图区选择实体底面为要移除的面；在【厚度】文本框中输入 2，其余参数按系统默认，单击 确定 按钮，完成抽壳操作，结果如图 3-23 所示。

（6）创建卡扣及穿线孔。

　利用图层设置命令进行设置 23 为工作层，61 为可选层，其余为不可见的层。在主菜单工具栏中选择【插入】|【草图】或在【特征】工具条中单击 按钮，系统弹出【创建草图】对话框，其余参数按系统默认，单击 确定 进入草图环境。

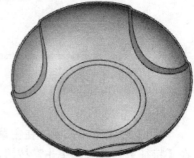

图 3-23 抽壳结果

　利用轮廓命令进行草图创建，结果如图 3-24 所示，同时用几何约束命令约束艺术样条使其关于 X 轴对称，并利用尺寸约束进行尺寸标注，结果如图 3-25 所示。在【草图生成器】工具条中单击 完成草图按钮完成草图创建。

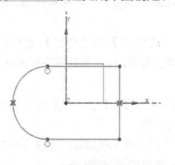

图 3-24 草图结果

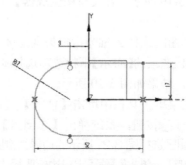

图 3-25 尺寸标注结果

利用图层设置命令进行设置 1 为工作层，23 为可选层，其余为不可见的层。在主菜单工具栏中选择【插入】|【设计特征】|【垫块】或在【特征】工具条中单击 按钮，系统弹出【垫块】对话框。

在此对话框选择 常规 选项，系统弹出【常规垫块】对话框。在作图区选择如图 3-26 所示的面为放置面，单击鼠标中键，系统跳至放置面轮廓选项。

在作图区选择如图 3-24 的草图线段为放置面的轮廓曲线；在【锥角】文本框中输入 0；在【相对于】下拉选项选择 +ZC 轴 选项。单击鼠标中键，系统跳至顶面选项，然后在【从放置面起】文本框中输入 1.5，其余参数按系统默认，单击 确定 完成卡扣创建，结果如图 3-27 所示。

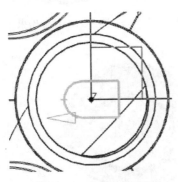

图 3-26　轮廓曲线选择

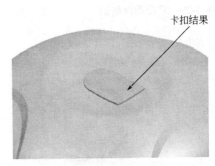

图 3-27　卡扣结果

利用图层设置命令进行设置 1 为工作层，61 为可选层，其余为不可见的层。在主菜单工具栏中选择【插入】|【设计特征】|【孔】或在【特征】工具条中单击 按钮，系统弹出【孔】对话框。

在作图区选择基准点为位置指定点，在【直径】文本框中输入 10，【深度】文本框中输入 100，其余参数按系统默认，单击 确定 完成穿线孔创建，结果如图 3-28 所示。

（7）加强筋位和固定柱。在主菜单工具栏中单击【插入】|【设计特征】|【拉伸】或在【特征】工具条中单击图标 按钮，系统弹出【拉伸】对话框。

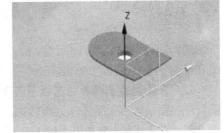

图 3-28　穿线孔结果

在【截面】卷展栏选项中单击 按钮，系统弹出【创建草图】对话框。在作图区选择 X-Y 平面为草图平面，其余参数按系统默认，单击 确定 系统进入草图环境。在【草图工具】工具条中单击 按钮，系统弹出【圆】对话框。在作图区作出相关草图对象，结果如图 3-29 所示。

圆弧尺寸标注。在【草图工具】工具条中单击 按钮，然后标注圆弧的相关尺寸，结果如图 3-30 所示。在【草图生成器】工具条中单击 完成草图 按钮，系统返回【拉伸】对话框。

在【开始】文本框中输入 15；在【结束】下拉选项中选择 直至下一个 选项；在【布尔】卷展栏选项的【布尔】下拉选项选择 求和 选项，在【偏置】卷展栏选项下拉选项中选择 两侧 选项，最后在【结束】文本框中输入 1，其余参数按系统默认，单击 确定 完成拉伸操作，结果如图 3-31 所示。

利用相同的方法，完成加强筋的创建，结果如图 3-32 所示。

利用相同的方法，完成固定轴的创建，结果如图 3-33 所示。

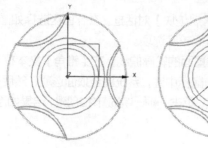
图 3-29 草图截面结果

图 3-30 尺寸结果

图 3-31 拉伸结果

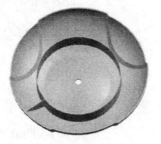
图 3-32 加强筋结果

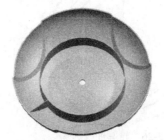
图 3-33 固定柱结果

技能点拨

1. 由于底座要支撑比较大的力，因此要加加强筋。
2. 筋的厚度一般为 0.8~1.5mm，同时应该做一些相对的拔模。

（8）阵列加强筋和固定柱。在主菜单工具栏中单击【插入】|【关联复制】|【阵列面】或在【特征】工具条中单击图标按钮，系统弹出【阵列面】对话框。

在【类型】卷展栏选项中选择圆形阵列选项，接着在作图区框选加强筋和固定柱为要复制的面，然后选择 Z 轴为旋转轴。

在【数量】文本框中输入 3，【角度】文本框中输入 120，其余参数按系统默认，完成圆形阵列的创建，结果如图 3-34 所示。

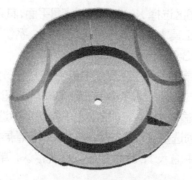
图 3-34 阵列加强筋及固定柱结果

第**4**章

玩具飞机设计

本章主要知识点 »

- 草图设计与桥接曲线应用
- 拉伸设计与常规腔体应用
- 偏置曲线与缝合应用
- 修剪和延伸功能应用
- 样条曲线应用与倒圆应用
- 通过曲线网格应用

4.1 设计任务及思路分析

4.1.1 设计任务

本章的设计任务是玩具飞机设计，产品批量适中。同时，产品外形尺寸要求较低，但对机座处要求有配合公差，应与其他积木配合。产品效果如图 4-1 所示。客户要求如表 4-1 所示。

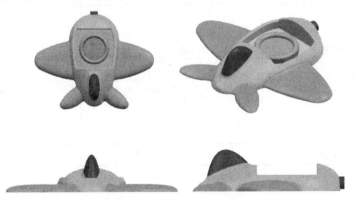

图 4-1 玩具飞机设计结果

表 4-1 客 户 要 求

材料	用途	产品外观要求	收缩率	模腔排位及数量	产量	备注
ABS	玩具产品	外表光滑；没有流纹及披锋，无顶白等	0.6%	一模一腔	25 万	与积木装配不能有松动，应紧固

4.1.2 设计思路分析

由于客户已提供相关相片，对机座指出了配合尺寸，其余外形指出相应的尺寸参考范围，因此在设计时要保证机座的尺寸，其余外形可在参考范围内进行适当调整，具体设计流程如表 4-2 所示。

表 4-2　玩具飞机设计流程

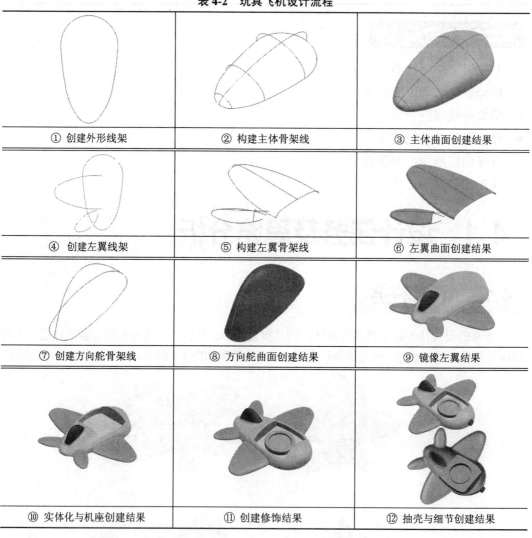

① 创建外形线架	② 构建主体骨架线	③ 主体曲面创建结果
④ 创建左翼线架	⑤ 构建左翼骨架线	⑥ 左翼曲面创建结果
⑦ 创建方向舵骨架线	⑧ 方向舵曲面创建结果	⑨ 镜像左翼结果
⑩ 实体化与机座创建结果	⑪ 创建修饰结果	⑫ 抽壳与细节创建结果

4.2 设计步骤

上一节大体介绍了玩具飞机的设计流程，下面将详细介绍其设计步骤。

步骤1 进入 NX8.0 软件环境。在主菜单工具栏中选择【文件】|【新建】命令或在【标准】工具条中单击 □ 按钮，系统弹出【新建】对话框；在【名称】文本框中输入"fly"，

其余参数按系统默认，单击 确定 按钮进入软件建模环境。

步骤2 创建主体。

（1）创建底部主体参考面。在主菜单工具栏中选择【插入】|【设计特征】|【拉伸】命令或在【特征】工具条中单击 按钮，系统弹出【拉伸】对话框。

➡ 在【截面】卷展栏选项中单击 按钮，系统弹出【创建草图】对话框。在作图区选择 X-Z 平面为草图平面，其余参数按系统默认，单击 确定 系统进入草图环境。在【草图工具】工具条中单击 按钮，系统弹出【圆弧】对话框。在作图区作出相关草图对象，结果如图 4-2 所示。

➡ 圆弧尺寸标注。在【草图工具】工具条中单击 按钮，然后标注圆弧的相关尺寸，结果如图 4-3 所示。

➡ 在【草图生成器】工具条中单击 完成草图 按钮，系统返回【拉伸】对话框，接着在【结束】文本框中输入 5，其余参数按系统默认，单击 确定 完成拉伸操作，结果如图 4-4 所示。

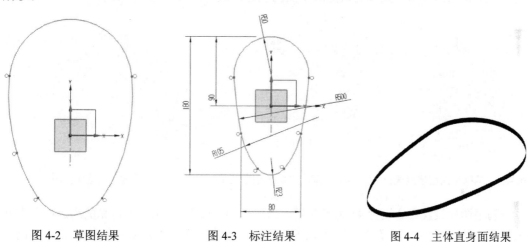

图 4-2　草图结果　　　　　图 4-3　标注结果　　　　　图 4-4　主体直身面结果

（2）创建主体骨架线。利用图层设置命令设置 21 为工作层，1、61 为可选层，其余为不可见的层。在主菜单工具栏中选择【插入】|【任务环境中的草图】命令或在【直接草图】工具条中单击 按钮，系统弹出【创建草图】对话框。接着在作图区选择 Y-Z 平面为草图面，并进入草图环境，同时利用草图工具完成草图的创建，结果如图 4-5 所示。

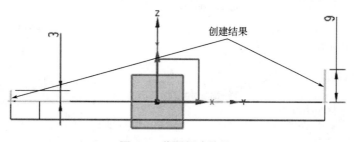

图 4-5　草图创建结果

利用图层设置命令设置 41 为工作层，1、21 为可选层，其余为不可见的层。在主菜单工具栏中选择【插入】|【曲线】|【来自曲线集的曲线】|【桥接】命令或在【曲线】工具

条中单击⬚按钮，系统弹出【桥接曲线】对话框；在作图区选择图 4-5 中标注为 3 的边界为起始对象，接着选择图 4-5 中标注为 9 的边界线为终止对象。

➡ 单击 形状控制 ▼ 卷展栏选项，接着在【起点】文本框中输入 0.2，在【终点】文本框中输入 0.45，其他参数按系统默认，单击 确定 完成桥接曲线操作，结果如图 4-6 所示。

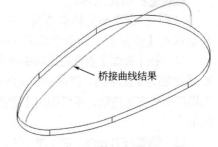

图 4-6 桥接曲线结果

利用图层设置命令设置 62 为工作层，1 为可选层，其余为不可见的层。在主菜单工具栏中选择【基准/点】|【基准平面】命令或在【特征】工具条中单击⬚按钮，系统弹出【基准平面】对话框。在作图区选择如图 4-7 所示的三点定义的平面对象，其余参数按系统默认，单击 应用 完成平面的创建，结果如图 4-8 所示。

利用相同的方法，完成剩余基准平面的创建，最终结果如图 4-9 所示。

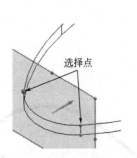

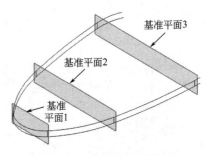

图 4-7 基准平面创建点选择　图 4-8 基准平面 1 创建结果　图 4-9 基准平面创建结果

利用图层设置命令设置 41 为工作层，1、62 为可选层，其余为不可见的层。在主菜单工具栏中选择【插入】|【曲线】|【艺术样条】命令或在【曲线】工具条中单击～按钮，系统弹出【艺术样条】对话框；在作图区从左至右依序选择边界端点（其中桥接曲线应选择基准平面 1 与桥接曲线的交点），同时在起点与终点处约束为 G1 过渡，其余参数按系统默认，单击 确定 完成艺术样条曲线操作，结果如图 4-10 所示。

利用相同的方法，完成剩余的艺术样条曲线创建，结果如图 4-11 所示。

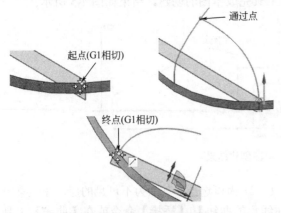

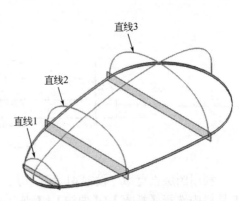

图 4-10 艺术样条曲线结果　　　　图 4-11 艺术样条曲线最终结果

（3）创建主体曲面。利用图层设置命令设置 1 为工作层，11、21、41 为可选层，其余为不可见的层。在主菜单工具栏中单击【插入】|【网格曲面】|【通过曲线网格】或在【曲面】工具条中单击图标 按钮，系统弹出【通过曲线网格】对话框。

　　 在作图区从下到上依序选择曲线相交点，图 4-11 中的艺术样条线为主曲线（注：每选完一组线串都单击中键一次；同时要注意曲线选择项的选择），然后单击鼠标中键，完成主曲线选择。

　　 在【交叉曲线】下拉选项单击新建，接着在作图区依序从左到右选择圆弧为交叉曲线。

　　 在【通过曲线网格】对话框中单击【连续性】卷展栏选项，在【第一交叉线串】和【最后交叉线串】下拉选项选择【G1（相切）】，然后依序选择相对应的面进行约束相切过渡对象，结果如图 4-12 所示。

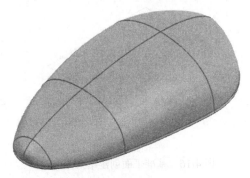

提示：由于主线串是相交于一个点，因此，在抽壳等细节设计可能会出现失败，为了避免抽壳失败，应该将收尾部分重新分割再补面，具体操作可参照随书配的光盘视频。

图 4-12　主体曲面创建结果

步骤 3　创建左机翼修饰。

（1）创建直身面。在主菜单工具栏中选择【插入】|【设计特征】|【拉伸】命令或在【特征】工具条中单击 按钮，系统弹出【拉伸】对话框。

　　 在【截面】卷展栏选项中单击 按钮，系统弹出【创建草图】对话框。在此不做任何更改，单击 确定 系统进入草图环境。在【草图工具】工具条中单击 按钮，系统弹出【圆弧】对话框。在作图区作出相关草图对象，结果如图 4-13 所示。

　　 尺寸标注。在【草图工具】工具条中单击 按钮，然后标注圆弧的相关尺寸，结果如图 4-14 所示。

　　 在【草图生成器】工具条中单击 完成草图 按钮，系统返回【拉伸】对话框，接着在【结束】文本框中输入-5，其余参数按系统默认，单击 确定 完成拉伸操作，结果如图 4-15 所示。

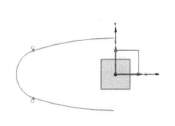

图 4-13　草图创建

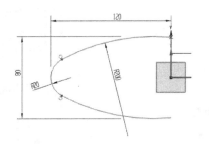

图 4-14　尺寸约束结果

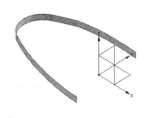

图 4-15　拉伸直身面结果

（2）构建左机翼骨架线。

利用图层设置命令设置 63 为工作层，1、61 为可选层，其余为不可见的层。在主菜单工具栏中选择【基准/点】|【基准平面】命令或在【特征】工具条中单击 按钮，系统弹出【基准平面】对话框。在作图区选择 XY 基准面为定义平面，在【距离】文本框中输入 10，

单击 应用 完成 XY 平面的偏置，结果如图 4-16 所示。

利用图层设置命令设置 22 为工作层，1、61 为可选层，其余为不可见的层。在主菜单工具栏中选择【插入】|【任务环境中的草图】命令或在【直接草图】工具条中单击 按钮，系统弹出【创建草图】对话框。接着在作图区选择如图 4-16 所示的基准平面为草图平面，其余参数按系统默认，进入草图。利用草图的相关功能，完成草图的创建，结果如图 4-17 所示。

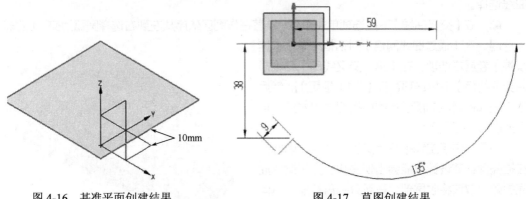

图 4-16　基准平面创建结果　　　　　　　　图 4-17　草图创建结果

利用图层设置命令设置 42 为工作层，1、22、61 为可选层，其余为不可见的层。在主菜单工具栏中选择【插入】|【曲线】|【直线】命令或在【曲线】工具条中单击 按钮，系统弹出【直线】对话框；在作图区选择左侧圆弧的端点为直线起点；在【终点选项】下拉选项选择【ZC 沿 ZC】选项。

　　单击【限制】卷展栏选项，接着在【终止限制】的【距离】文本框中输入-10，其余参数按系统默认，单击 应用 完成直线创建，结果如图 4-18 所示。

在主菜单工具栏中选择【插入】|【曲线】|【来自曲线集的曲线】|【桥接】命令或在【曲线】工具条中单击 按钮，系统弹出【桥接曲线】对话框；在作图区选择图 4-18 的直线为起始对象，接着选择图 4-17 的草图为终止对象。

　　单击 形状控制 卷展栏选项，接着在【起点】文本框中输入 0.35，在【终点】文本框中输入 1，其他参数按系统默认，单击 确定 完成桥接曲线操作，结果如图 4-19 所示。

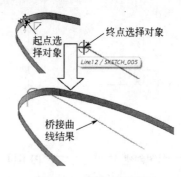

图 4-18　直线创建结果　　　　　　　　　　图 4-19　桥接曲线结果

在主菜单工具栏中选择【插入】|【曲线】|【艺术样条】命令或在【曲线】工具条中单击 按钮，系统弹出【艺术样条】对话框；在作图区从左至右依序选择边界端点，同时在起点与终点处约束为 G1 过渡，其余参数按系统默认，单击 确定 完成艺术样条曲线操作，

结果如图 4-20 所示。完成左机翼骨架线结果如图 4-21 所示。

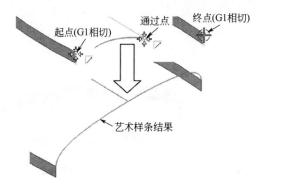

图 4-20　艺术样条曲线结果　　　　　　图 4-21　左机翼骨架线创建结果

（3）左机翼曲面创建。利用图层设置命令设置 1 为工作层，1、42 为可选层，其余为不可见的层。在主菜单工具栏中选择【插入】|【网格曲面】|【通过曲线网格】命令或在【曲面】工具条中单击 按钮，系统弹出【通过曲线网格】对话框。

　　在作图区依序从左到右选择线段为主曲线，如图 4-22 所示（注：每选完一组线串都单击中键一次），然后单击鼠标中键，完成主曲线选择。

　　在【交叉曲线】下拉选项单击新建，接着在作图区从上到下依序选择圆弧、桥接曲线为交叉曲线，如图 4-23 所示。

　　在【通过曲线网格】对话框中单击【连续性】卷展栏选项，接着在【第一主线串】下拉选项选择【G1（相切）】选项，同时在【第一交叉线串】和【最后交叉线串】下拉选项选择【G1（相切）】选项，然后在作图区依序选择拉伸的片体为约束面对象，其余参数按系统默认，单击 确定 完成通过曲线网格的操作，结果如图 4-24 所示。

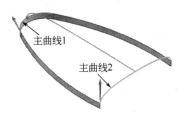
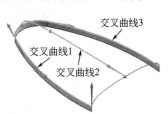

图 4-22　主线串选择结果　　　图 4-23　交叉线串选择结果　　　图 4-24　左机翼曲面创建结果

步骤 4　创建尾部机翼修饰。

（1）创建直身面。在主菜单工具栏中选择【插入】|【设计特征】|【拉伸】命令或在【特征】工具条中单击 按钮，系统弹出【拉伸】对话框。

　　在【截面】卷展栏选项中单击 按钮，系统弹出【创建草图】对话框。在此不做任何更改，单击 确定 系统进入草图环境。在【草图工具】工具条中单击 按钮，系统弹出【圆弧】对话框。在作图区作出相关草图对象，结果如图 4-25 所示。

　　尺寸标注。在【草图工具】工具条中单击 按钮，然后标注圆弧的相关尺寸，结果如图 4-26 所示。

　　在【草图生成器】工具条中单击 完成草图按钮，系统返回【拉伸】对话框，接着在【结束】文本框中输入 5，其余参数按系统默认，单击 确定 完成拉伸操作，结果如图 4-27 所示。

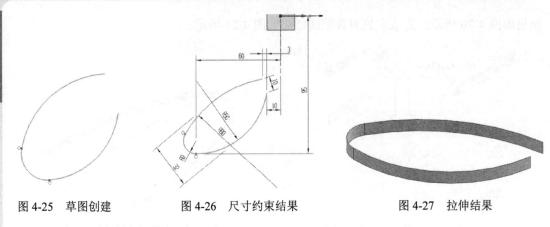

图 4-25　草图创建　　　　图 4-26　尺寸约束结果　　　　图 4-27　拉伸结果

（2）构建尾部机翼骨架线。

利用图层设置命令设置 43 为工作层，1 为可选层，其余为不可见的层。在主菜单工具栏中选择【插入】|【曲线】|【直线】命令或在【曲线】工具条中单击／按钮，系统弹出【直线】对话框；在作图区选择左侧圆弧的中点为直线起点；在【终点选项】下拉选项选择【ZC沿 ZC】选项。

　　单击【限制】卷展栏选项，接着在【终止限制】的【距离】文本框中输入–10，其余参数按系统默认，单击　应用　完成直线创建，结果如图 4-28 所示。

在主菜单工具栏中选择【插入】|【曲线】|【来自曲线集的曲线】|【桥接】命令或在【曲线】工具条中单击　按钮，系统弹出【桥接曲线】对话框；在作图区选择图 4-28 的直线为起始对象，接着选择图 4-17 的草图为终止对象。

　　单击 形状控制 ∨ 卷展栏选项，接着在【起点】文本框中输入 0.35，在【终点】文本框中输入 1，其他参数按系统默认，单击　确定　完成桥接曲线操作，结果如图 4-29 所示。

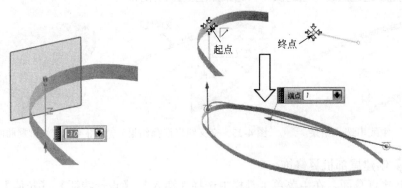

图 4-28　直线创建结果　　　　图 4-29　桥接曲线结果

在主菜单工具栏中选择【插入】|【曲线】|【直线】命令或在【曲线】工具条中单击／按钮，系统弹出【直线】对话框，然后利用两点画线，完成直线的创建，结果如图 4-30 所示。

在主菜单工具栏中选择【插入】|【来自曲线集的曲线】|【投影】命令或在【曲线】工具条中单击　按钮，系统弹出【投影曲线】对话框。

　　在作图区选择如图 4-30 所示的直线为要投影的曲线，单击鼠标中键，系统跳至要投影的对象选项；接着在作图区选择拉伸的直身面为要投影的对象；在【投影方向】下拉选项选择【沿矢量】选项，同时选择 Z 为投影方向，其余参数按系统默认，单击　确定　完成投影曲线操作，结果如图 4-31 所示。

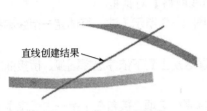

图 4-30　直线创建结果

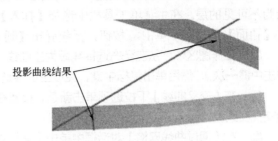

图 4-31　投影曲线创建结果

利用图层设置命令设置 63 为工作层，1、43 为可选层，其余为不可见的层。在主菜单工具栏中选择【基准/点】|【基准平面】命令或在【特征】工具条中单击□按钮，系统弹出【基准平面】对话框。在作图区选择如图 4-32 所示的三点定义的平面对象，其余参数按系统默认，单击 应用 完成平面的创建，结果如图 4-33 所示。

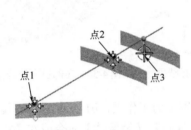

图 4-32　点选择结果

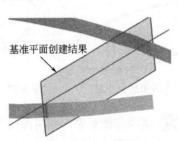

图 4-33　基准平面创建结果

利用图层设置命令设置 43 为工作层，1、63 为可选层，在主菜单工具栏中选择【插入】|【曲线】|【艺术样条】命令或在【曲线】工具条中单击～按钮，系统弹出【艺术样条】对话框；在作图区从下到上依序选择图 4-31 投影的曲线端点和基准平面与桥接曲线的交点，同时在起点与终点处约束为 G1 过渡，其余参数按系统默认，单击 确定 完成艺术样条曲线操作，结果如图 4-34 所示。完成左机翼线架结果如图 4-35 所示。

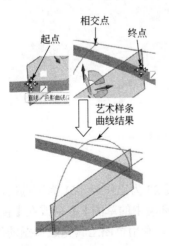

图 4-34　艺术样条创建结果

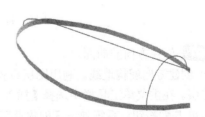

图 4-35　左机翼线架创建结果

（3）尾部机翼修饰曲面创建。利用图层设置命令设置 1 为工作层，43 为可选层，其余为不可见的层。在主菜单工具栏中选择【插入】|【网格曲面】|【通过曲线网格】命令或在【曲面】工具条中单击 按钮，系统弹出【通过曲线网格】对话框。

　　　在作图区依序从左至右选择线段为主曲线，如图 4-36 所示（注：每选完一组线串都单击中键一次），然后单击鼠标中键，完成主曲线选择。

　　　在【交叉曲线】下拉选项单击新建，接着在作图区从上到下依序选择圆弧、桥接曲线为交叉曲线，如图 4-37 所示。

　　　在【通过曲线网格】对话框中单击【连续性】卷展栏选项，接着在【第一主线串】下拉选项选择【G1（相切）】选项，同时在【第一交叉线串】和【最后交叉线串】下拉选项选择【G1（相切）】选项，然后在作图区依序选择拉伸的片体为约束面对象，其余参数按系统默认，单击 确定 完成通过曲线网格的操作，结果如图 4-38 所示。

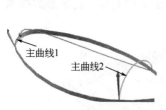

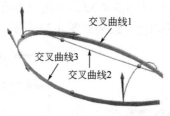

图 4-36　主线串选择结果　　　　　图 4-37　交叉线串选择结果　　　　图 4-38　尾部机翼修饰曲面创建

步骤 5 镜像左侧对象。利用图层设置命令设置 1 为工作层，61 为可选层，其余为不可见的层。在主菜单工具栏中选择【插入】|【关联复制】|【镜像体】命令或在【特征】工具条中单击 按钮，系统弹出【镜像体】对话框。

　　　在作图区选择尾部机翼曲面与左机翼修饰曲面为要镜像的体，单击鼠标中键系统跳至镜像平面选项；接着选择 Y-Z 平面为镜像平面，其余参数按系统默认，单击 确定 完成镜像体操作，结果如图 4-39 所示。

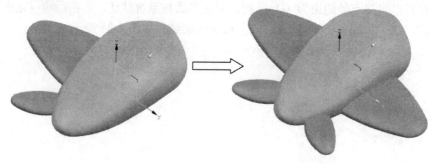

图 4-39　镜像左侧对象结果

步骤 6 创建方向舵曲面。

（1）创建方向舵构造线。利用图层设置命令设置 23 为工作层，61 为可选层，其余为不可见的层。在主菜单工具栏中选择【插入】|【任务环境中的草图】命令或在【直接草图】工具条中单击 按钮，系统弹出【创建草图】对话框。利用草图工具完成草图的创建，结果如图 4-40 所示。

利用相同的方法，完成右视图草图的创建，结果如图 4-41 所示。

利用图层设置命令设置 44 为工作层，1、23 为可选层，其余为不可见的层。在主菜单工具栏中选择【插入】|【来自曲线集的曲线】|【投影】命令或在【曲线】工具条中单击 按钮，系统弹出【投影曲线】对话框。

在作图区选择如图 4-40 所示的草图为要投影的曲线，单击鼠标中键，系统跳至要投影的对象选项；接着在作图区选择主体面为要投影的对象；在【投影方向】下拉选项选择【沿矢量】选项，同时选择 Z 为投影方向，其余参数按系统默认，单击 确定 完成投影曲线操作，结果如图 4-42 所示。

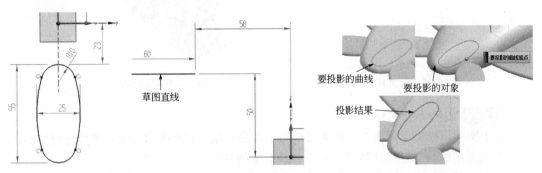

图 4-40　俯视图草图结果　　图 4-41　右视图草图结果　　图 4-42　投影曲线结果

在主菜单工具栏中选择【插入】|【曲线】|【艺术样条】命令或在【曲线】工具条中单击 按钮，系统弹出【艺术样条】对话框；在作图区从上到下依序选择图 4-42 投影的曲线中点和直线端点，其余参数按系统默认，单击 确定 完成艺术样条曲线操作，同时完成方向舵构造线的创建，结果如图 4-43 所示。

（2）创建方向舵曲面。利用图层设置命令设置 1 为工作层，44 为可选层，其余为不可见的层。在主菜单工具栏中选择【插入】|【网格曲面】|【通过曲线网格】命令或在【曲面】工具条中单击 按钮，系统弹出【通过曲线网格】对话框。

在作图区从左至右选择依序线段为主曲线，如图 4-44 所示（注：每选完一组线串都单击中键一次），然后单击鼠标中键，完成主曲线选择。

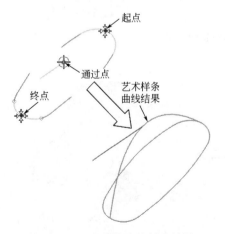

图 4-43　方向舵构造线创建结果

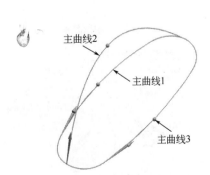

图 4-44　主曲线选择结果

在【交叉曲线】下拉选项单击新建，接着在作图区从上到下依序选择圆弧为交叉曲线，如图 4-45 所示，其余参数按系统默认，单击 确定 完成通过曲线网格的操作，结果如图 4-46 所示。

图 4-45　交叉曲线选择结果　　　　图 4-46　方向舵曲面创建结果

步骤 7 修剪多余部分。

由于所做尾部机翼曲面、左机翼修饰与主体曲面相交时有多余对象，需要进行修剪，因此可以采用修剪与延伸功能进行完成多余对象的修剪。

在主菜单工具栏中选择【插入】|【修剪】|【修剪与延伸】命令或在【特征】工具条中单击 按钮，系统弹出【修剪与延伸】对话框。

在【类型】下拉选项选择 制作拐角 选项，接着在作图区选择主体曲面为要修剪或延伸的面，单击鼠标中键系统跳至工具选项，接着在作图区选择其中一个曲面为工具面，其余参数按系统默认，单击 确定 完成修剪与延伸操作，结果如图 4-47 所示。

利用相同的方法，完成其余面的修剪与延伸操作，结果如图 4-48 所示。

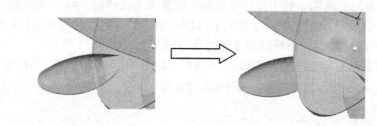

图 4-47　修剪与延伸结果

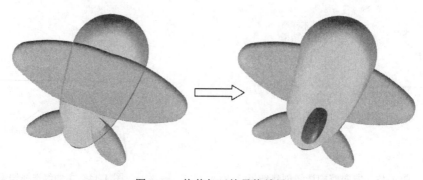

图 4-48　修剪与延伸最终结果

如果修剪方向不正确时，则可以利用切换⊠方向进行修整方向，直到方向调对为止。

步骤8 实体化及机座创建。

（1）实体化。在主菜单工具栏中选择【插入】|【曲面】|【有界平面】命令或在【曲面】工具条中单击◁按钮，系统弹出【有界平面】对话框。

↪ 在作图区选择曲面底部边界为有界平面的曲线，在此不做任何更改，单击 确定 完成有界平面的创建，结果如图 4-49 所示。

在主菜单工具栏中选择【插入】|【组合】|【缝合】命令或在【特征】工具条中单击📖按钮，系统弹出【缝合】对话框。

↪ 在作图区选择主体曲面为要目标片体，接着在作图区选择有界平面为工具片体，其余参数按系统默认，单击 确定 完成缝合操作，结果如图 4-50 所示。

图 4-49 有界平面创建结果

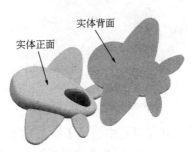

图 4-50 实体化创建结果

（2）机座创建。利用图层设置功能设置 1 为工作层，其余为不可见的层。在主菜单工具栏中选择【插入】|【设计特征】|【拉伸】命令或在【特征】工具条中单击📖按钮，系统弹出【拉伸】对话框。

↪ 在【截面】卷展栏选项中单击🔳按钮，系统弹出【创建草图】对话框。在作图区选择 Y-Z 平面为草图平面，其余参数按系统默认，单击 确定 系统进入草图环境。在【草图工具】工具条中单击🔲按钮，系统弹出【矩形】对话框。完成草图结果如图 4-51 所示。

↪ 在【草图生成器】工具条中单击🔀 完成草图按钮，系统返回【拉伸】对话框，接着在【结束】下拉选项选择 对称值 选项，在【距离】文本框中输入 50，其余参数按系统默认，单击 确定 完成拉伸操作，结果如图 4-52 所示。

↪ 利用相同方法，完成内槽拉伸创建，结果如图 4-53 所示。

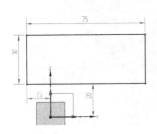

图 4-51 草图创建结果

图 4-52 拉伸结果

图 4-53 内槽创建结果

利用图层设置功能设置 1 为工作层，61 为可选层，其余为不可见的层。在主菜单工具栏中选择【插入】|【设计特征】|【凸台】命令或在【特征】工具条中单击█按钮，系统弹出【凸台】对话框。

在作图区选择内槽的平面为凸台的放置平面，接着在【直径】文本框中输入 60，在【高度】文本框中输入 10，单击█确定█按钮，系统弹出【定位】对话框。

在作图区选择 X 轴并输入 22；接着选择 Y 轴并输入 0，完成结果如图 4-54 所示，

步骤 9　细节特征创建。

在主菜单工具栏中选择【插入】|【设计特征】|【孔】命令或在【特征】工具条中单击█按钮，系统弹出【孔】对话框。

在作图区选择圆台的圆心点为孔的指定点，接着在【直径】文本框中输入 44，在【深度】文本框中输入 5，其余参数按系统默认，单击█确定█完成孔的创建，结果如图 4-55 所示。

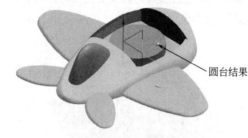

图 4-54　圆台创建结果

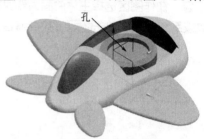

图 4-55　孔创建结果

在主菜单工具栏中选择【插入】|【细节特征】|【边倒圆】命令或在【特征】工具条中单击█按钮，系统弹出【边倒圆】对话框。

在作图区依序选择各边为要倒圆的边，接着在文本框中输入相应的圆角半径，结果如图 4-56 所示。

在主菜单工具栏中选择【插入】|【偏置/缩放】|【抽壳】命令或在【特征】工具条中单击█按钮，系统弹出【抽壳】对话框。

在作图区选择底平面为要移除的面，接着在【厚度】文本框中输入 2，其余参数按系统默认，单击█确定█完成抽壳创建，结果如图 4-57 所示。

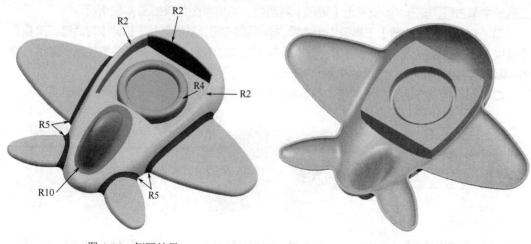

图 4-56　倒圆结果

图 4-57　抽壳结果

最终产品如图 4-58 所示。

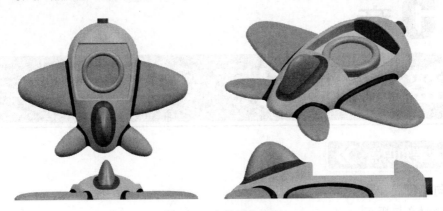

图 4-58　产品最终结果

第**5**章

头盔逆向设计

本章主要知识点 >>

- 逆向工程简介
- 图档对齐与摆正
- 艺术样条曲线应用
- 通过曲线网格曲面应用
- 拉伸与镜像体应用

5.1 逆向工程简介

5.1.1 逆向工程概述

近年来，随着制造技术的飞速发展，一种新的制造概念改变了以前传统制造业和工艺过程。这种新的制造思路是：首先为产品设计出外观新颖且符合空间要求的模型，再对现有的产品模型进行实测，获得物体的三维形状数据信息，再进行数据重构，建立其 CAD 数据模型。设计人员可在 CAD 模型上再进行改进和创新设计，该数据可直接输入到快速成型系统或形成加工代码输入到数控加工系统，生成现实产品或其模具，最后通过实验验证，产品定型后再投入批量生产。这一过程被称为逆向工程，可使产品的设计开发周期大为缩短。

逆向工程可分为三部分：数据的获取与处理系统、数据文件自动生成系统及自动加工成型系统，工作流程如图 5-1 所示。其中物体三维轮廓数据的准确获取是整个逆向工程的关键所在。目前国内外在物体三维数据测量方面采用的方法分为接触式和非接触式两种。虽然目前多数采用的接触式测量具有精度高、可靠性强等优点，但其速度慢、磨损测量面、需对探头半径做补偿及无法对软质物体做工精确测量等缺点使其应用受到诸多限制。

而非接触式激光扫描，具有精度高、速度快、对工件无磨损、易装夹、易操作等优点，可广泛应用于汽车、摩托车、电子通讯、玩具、工艺品等行业。

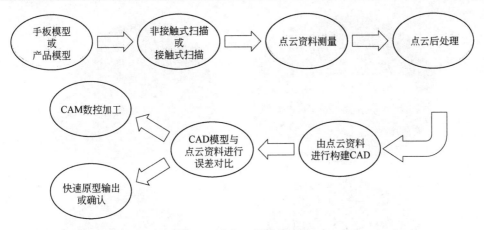

图 5-1　逆向工程操作流程

5.1.2　逆向工程应用的领域与限制

1. 应用范围

（1）产品开发：汽车、家电产品、电脑与通讯产品、运动用品等；

（2）原型制作：人像、艺术品、玩具模型；

（3）人体测量：人体数据测量、人体工学产品；

（4）造型设计：电脑动画、3DVR。

2. 逆向工程应用限制

（1）点云资料量非常庞大，单一档案可能就高达数十万个点，因此软体必须快速而且精确地取得工件的外形点资料。

（2）扫描出来点资料的品质，事关最后实体模型曲面品质的高低，因此，测量设备的精确度与点云的误差值设定，如何取得结构较佳的点资料，或将点资料做适当调整、编辑，是一个相当重要的课题。

（3）所建的曲线或曲面要能够相融于各式 CAD/CAM 软体。

5.2　设计任务与思路分析

5.2.1　设计任务

本章以头盔外形为例，讲述其设计过程，使读者对 UG 的逆向造型有一定的了解。在接受逆向设计任务时，首先要了解客户对这个产品尺寸精度有哪些要求同时有哪些技术要点，当有了一定的了解及认识后，才开始进行设计。对于本产品，客户提供了 STL 格式的图档，如图 5-2 所示。因此在设计时，只要将其 STL 格式的图档导入 UG 软件即可进行三维建模。同时客户提出的要求如表 5-1 所示。

图 5-2　头盔 STL 图档

表 5-1　客 户 要 求

材料	用途	产品外观要求	收缩率	模腔排位及数量	产量	备注
PE	防护用品	外表光滑；无尖锐边等	1.8%	一模一腔	15 万	与安全扣及内部配件相匹配

5.2.2　设计思路分析

由于客户提供了 STL 格式的图档，只需按客户的要求进行设计就行了。从图档看，头盔是整个取点出来的，因此为了保证两边对称，可只做一半，另一半进行镜像操作即可。具体设计流程如表 5-2 所示。

表 5-2　头盔设计流程

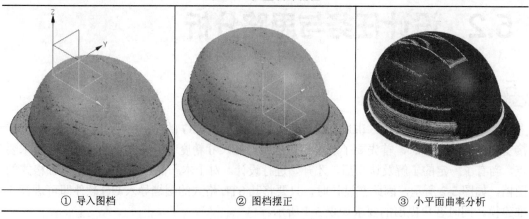

① 导入图档	② 图档摆正	③ 小平面曲率分析

续表

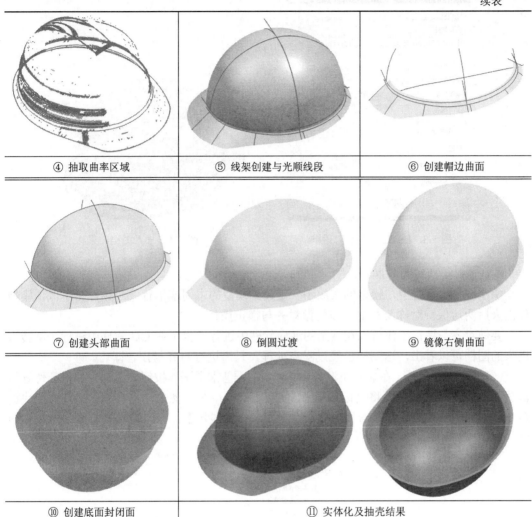

④ 抽取曲率区域	⑤ 线架创建与光顺线段	⑥ 创建帽边曲面
⑦ 创建头部曲面	⑧ 倒圆过渡	⑨ 镜像右侧曲面
⑩ 创建底面封闭面	⑪ 实体化及抽壳结果	

5.3　设计步骤

上一节大体介绍了头盔的设计流程，下面将详细介绍其设计步骤。

步骤 1　进入 NX8.0 软件环境。在主菜单工具栏中选择【文件】|【新建】命令或在【标准】工具条中单击 按钮，系统弹出【新建】对话框；在【名称】文本框中输入 "toukui"，其余参数按系统默认，单击 确定 按钮进入软件建模环境。

步骤 2　选择【文件】|【导入】|【STL…】命令，系统弹出【STL 导入】对话框，如图 5-3 所示；接着在【STL 文件】文本框后面单击 按钮，系统弹出【部件文件】对话框。在此找到放置练习文件夹 ch5 并选择 toukui.stl 文件，单击 OK 按钮返回【STL 文件】对话框，在此不做任何参数更改，单击 确定 按钮完成图形的转档操作，结果如图 5-4 所示。

图 5-3 【STL 导入】对话框

图 5-4 导入图档结果

步骤 3 图档对齐与摆正。

由于在抄数过程中，模型的摆放不一定放到模型的中间或平行及对称，为了保证模型作出来后两边保持对称及对中，需要做对齐与摆正操作。

要做对齐与摆正工作可以在专用的逆向软件中进行，也可在 UG 软件中进行，从转入进来的图档可以看出，这图档已经过噪点处理，只需进行对齐与摆正即可。

（1）显示坐标系。在显示资源条中单击部件导航器图标按钮，系统会弹出部件导航器页面，如图 5-5 所示；将鼠标移至☑ 基准坐标系 (0)处，然后单击右键，系统弹出快捷命令栏，如图 5-6 所示；接着在快捷命令栏中选择【显示】命令，基准坐标系显示在作图区，如图 5-7 所示。

图 5-5 部件导航器

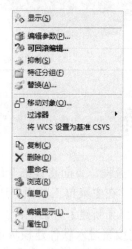

图 5-6 快捷菜单栏显示

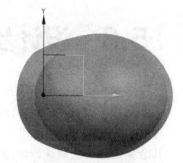

图 5-7 坐标显示结果

技巧点拨

1. 在逆向造型时，应先进行点云的对齐与摆正；

2. 虽然点云数据不对齐依然可以进行造型操作，但会对后续操作带来不便。

（2）分析小平面体曲率。在主菜单工具栏中选择【分析】|【形状】|【小平面体曲率】命令或在【形状分析】工具条中单击 按钮，系统弹出【小平面体曲率】对话框，如图 5-8 所示。

在作图区选择头盔对象为小平面体对象，接着在【凹的】文本框中输入 200，在【凸的】文本框中输入 3000，其余参数按系统默认，单击 确定 完成小平面体曲率操作，结果如图 5-9 所示。

图 5-8　【小平面体曲率】对话框

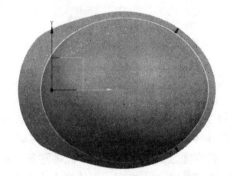

图 5-9　小平面体分析结果

（3）抽取曲率区域。在主菜单工具栏中选择【插入】|【小平面体】|【抽取曲率区域】命令或在【特征】工具条中单击 按钮，系统弹出【抽取曲率区域】对话框，如图 5-10 所示。

在【抽取】卷展栏选项中将 区域勾选去除，接着在作图区选择如图 5-9 所示的小平面体，其余参数按系统默认，单击 确定 完成抽取曲率区域操作，结果如图 5-11 所示。

图 5-10　【抽取曲率区域】对话框

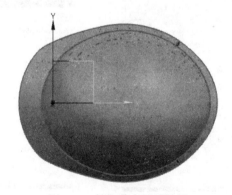

图 5-11　抽取曲率区域结果

（4）创建方块盒。在【注塑模工具】工具条中单击图标 按钮，系统弹出【创建方块】对话框，如图 5-12 所示。

在作图区依序选择抽取出来的边界线为选择的对象，其余参数按系统默认，单击 确定 完成创建方块操作，结果如图 5-13 所示。

创建方块的目的是为了找出产品的中心点，方便下一步的中点对齐操作，在对齐摆正后可删除方块。

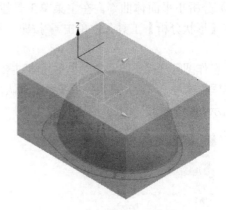

图 5-12　【创建方块】对话框　　　　图 5-13　创建方块结果

（5）摆正对齐。在主菜单工具栏中选择【插入】|【编辑】|【移动对象】命令或在【标准】工具条中单击 按钮，系统弹出【移动对象】对话框，如图 5-14 所示。

　　在作图区框选方块及小平面体对象，接着在**运动**下拉选项选择 点到点 选项，然后在 **指定出发点**处单击 按钮，系统弹出【点】对话框，如图 5-15 所示。

　　在【类型】下拉选项选择 两点之间 选项，接着在作图区依序选择底面的两个对角点为指定点 1 和指定点 2，其余参数按系统默认，单击 确定 返回【移动对象】对话框，同时系统跳至 **指定终止点**。

　　在作图区选择基准坐标系中的基准点为指定终止点，其余参数按系统默认，单击 确定 完成摆正对齐操作，结果如图 5-16 所示。

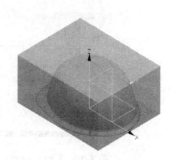

图 5-14　【移动对象】对话框　　　图 5-15　【点】对话框　　　图 5-16　对齐摆正结果

　　　　　由于此图在逆向软件已经进行相关的对齐摆正，只是在 UGNX 软件里面没有进行对中摆放，因此只做对中摆放就可以了。

步骤 4　创建头盔线架。

（1）隐藏小平面体。在主菜单工具栏中选择【编辑】|【显示和隐藏】|【隐藏】命令或在【标准】工具条中单击 按钮，系统弹出【类选择】对话框。接着在作图区选择小平

面体为要隐藏的对象，其余参数按系统默认，单击 确定 完成小平面体的隐藏操作，结果作图区显示如图 5-17 所示。

（2）光顺样条边。由于在抽取小平面边界时，有些线段不是很光滑，可以借助编辑曲线功能的光顺命令进行样条线的平滑操作。

在主菜单工具栏中选择【编辑】|【曲线】|【光顺样条】命令或在【编辑曲线】工具条中单击 按钮，系统弹出【光顺样条】对话框，如图 5-18 所示。

接着在作图区选择其中一样条线为要光顺的对象，系统会弹出光顺样条的警告，接着单击 确定(O)，同时在光顺因子拖至 58%，系统开始计算，计算完成后单击 应用 完成样条曲线的光顺操作，结果如图 5-19 所示。

利用上述操作，完成剩余样条曲线的光顺操作，结果如图 5-20 所示。

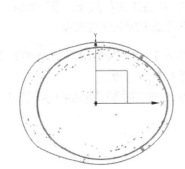

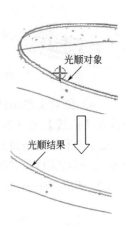

图 5-17　抽取曲率区域结果　　图 5-18　【光顺样条】对话框　　图 5-19　光顺样条结果

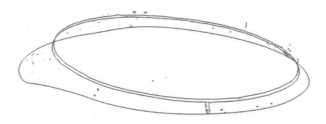

图 5-20　光顺样条最终结果

在使用光顺样条命令时，将光顺因子调得越大，光顺过后的误差就会越大，但光顺效果会越明显。因此，在做产品造型时，如果对尺寸要求不是很严格时，则可以先满足光顺效果，再保证尺寸要求。

（3）创建相切直线。在主菜单工具栏中选择【插入】|【曲线】|【直线】命令或在【曲线】工具条中单击 按钮，系统弹出【直线】对话框。接着在作图区选择左侧的抽取边界为直线起点，然后沿 YC 向拉伸一段距离，结果如图 5-21 所示。

利用相同的方法，依序从左至右进行完成剩余相切直线段的创建，结果如图 5-22 所示。

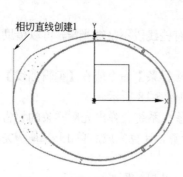

图 5-21 相切直线创建结果 1

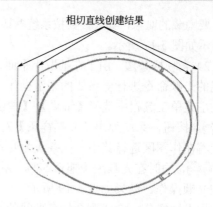

图 5-22 相切直线创建结果

1. 由于头盔两侧是对称的，为了保证两边尺寸一致，可以只做一边，另一侧可用对称方法完成；

2. 在直线创建时，都利用了相交点的方法进行创建，限于篇幅，此操作过程未完全展开，具体操作可参考随书配的光盘视频。

（4）创建头盔帽边线架。在主菜单工具栏中选择【插入】|【曲线】|【艺术样条】命令或在【曲线】工具条中单击 按钮，系统弹出【艺术样条】对话框。

⇨ 在作图区选择左侧的直线端点为样条曲线起点，然后沿抽取曲率区域结果的样条进行描线，同时约束样条曲线的起点为相切，结果如图 5-23 所示。

⇨ 利用相同方法，完成头盔帽边线架创建，结果如图 5-24 所示。

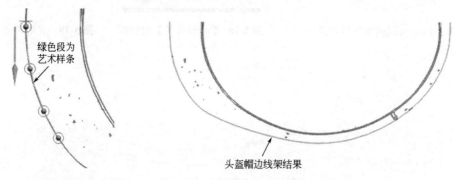

图 5-23 艺术样条创建结果

图 5-24 头盔帽边线架创建结果

（5）创建头盔底部与过渡线架。利用上一步的操作过程，完成头盔底部与过渡线架的创建，结果如图 5-25 所示。

（6）创建头盔主体线架。在主菜单工具栏中选择【编辑】|【显示和隐藏】|【显示】命令或在【标准】工具条中单击 按钮，系统弹出【类选择】对话框。接着在作图区选择小平面体为要显示的对象，其余参数按系统默认，单击 确定 完成小平面体的显示操作，结果作图区显示如图 5-26 所示。

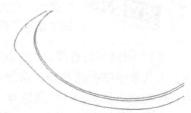

图 5-25 头盔底部与过渡线架创建结果

在主菜单工具栏中选择【插入】|【曲线】|【直线】命令或在【基本曲线】工具条中单击 按钮，系统弹出【基本直线】对话框。接着在【跟踪条】的【XC】文本框中输入-250，其余文本框都为 0，单击键盘 Enter 键，然后在【XC】文本框中输入 250，单击键盘 Enter 键完成直线创建，结果如图 5-27 所示。

利用相同方法，完成 Y 轴方向的直线创建，结果如图 5-28 所示。

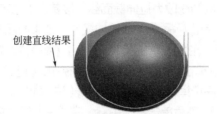

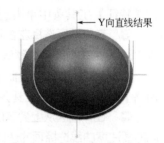

图 5-26　显示对象结果　　　　图 5-27　直线创建结果　　　　图 5-28　Y 向直线创建结果

在主菜单工具栏中选择【插入】|【来自曲线集的曲线】|【投影】命令或在【曲线】工具条中单击 按钮，系统弹出【投影曲线】对话框。

➡️ 在作图区选择图上一步创建直线为要投影的曲线，单击鼠标中键，系统跳至要投影的对象选项；接着在作图区选择小平面体为要投影的对象；在【投影方向】下拉选项选择【沿矢量】选项，同时选择 Z 为投影方向，其余参数按系统默认，单击 确定 完成投影曲线操作，结果如图 5-29 所示。

在主菜单工具栏中选择【插入】|【曲线】|【艺术样条】命令或在【曲线】工具条中单击 按钮，系统弹出【艺术样条】对话框。

➡️ 在作图区选择左侧的直线端点为样条曲线起点，然后沿 X 向的投影曲线进行描线，直到帽边上侧的直线端点为样条终点，结果如图 5-30 所示。

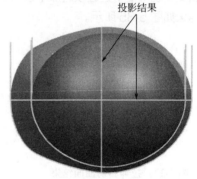

图 5-29　投影曲线结果

➡️ 利用相同的方法，完成头盔主体线架的创建，结果如图 5-31 所示。

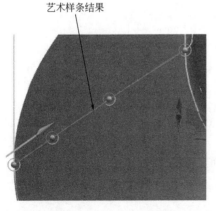

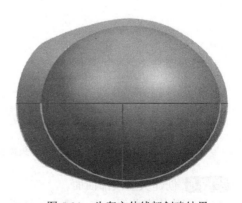

图 5-30　艺术样条结果　　　　　　　　　图 5-31　头盔主体线架创建结果

 头盔主体线架创建并不是只做这几条，如果为了保证所做曲面精度比较接近小平面体，则要多做一些相关的线架，以保证精度。

步骤5 创建头盔帽边曲面

（1）创建约束曲面。在主菜单工具栏中选择【插入】|【设计特征】|【拉伸】命令或在【特征】工具条中单击▥按钮，系统弹出【拉伸】对话框。

▶ 在作图区选择左右两侧的线段为拉伸截面线，接着在【结束】的【距离】文本框中输入 15，其余参数按系统默认，单击 确定 完成拉伸操作，结果如图 5-32 所示。

（2）创建头盔帽边曲面。在主菜单工具栏中单击【插入】|【网格曲面】|【通过曲线网格】或在【曲面】工具条中单击图标▱按钮，系统弹出【通过曲线网格】对话框。

▶ 在作图区从上到下依序选择帽边曲线为主曲线（注：每选完一组线串都单击中键一次；同时要注意曲线选择项的选择），然后单击鼠标中键，完成主曲线选择，结果如图 5-33 所示。

▶ 在【交叉曲线】下拉选项单击【新建】，接着在作图区依序从左到右选择艺术样条为叉曲线（注：每选完一组线串都单击中键一次；同时要注意曲线选择项的选择），结果如图 5-34 所示。

▶ 在【通过曲线网格】对话框中单击【连续性】卷展栏选项，在【第一交叉线串】和【最后交叉线串】下拉选项选择【G1（相切）】，然后依序选择相对应的面进行约束相切过渡对象，结果如图 5-35 所示。

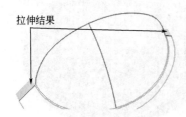

图 5-32 拉伸相切曲面结果

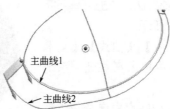

图 5-33 主曲线选择结果

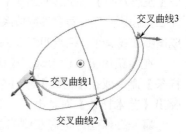

图 5-34 交叉曲线选择结果

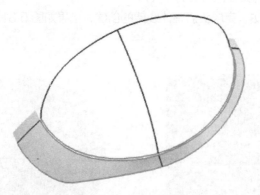

图 5-35 头盔帽边曲面创建结果

步骤6 创建头盔顶部曲面。

（1）创建约束曲面。在主菜单工具栏中选择【插入】|【设计特征】|【拉伸】命令或

在【特征】工具条中单击▓按钮，系统弹出【拉伸】对话框。

　　在作图区选择中间线段为拉伸截面线，接着在【结束】的【距离】文本框中输入 15，其余参数按系统默认，单击 确定 完成拉伸操作，结果如图 5-36 所示。

　　（2）创建头盔顶部曲面。在主菜单工具栏中单击【插入】|【网格曲面】|【通过曲线网格】或在【曲面】工具条中单击图标▓按钮，系统弹出【通过曲线网格】对话框。

　　在作图区从左到右依序选择曲线相交点，艺术样条线为主曲线（注：每选完一组线串都单击中键一次；同时要注意曲线选择项的选择），然后单击鼠标中键，完成主曲线选择。

　　在【交叉曲线】下拉选项单击新建，接着在作图区依序从上到下选择圆弧为交叉曲线。

　　在【通过曲线网格】对话框中单击【连续性】卷展栏选项，在【第一交叉线串】下拉选项选择【G1（相切）】，然后依序选择相对应的面进行约束相切过渡对象，结果如图 5-37 所示。

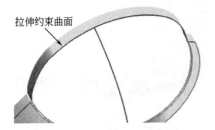

图 5-36　拉伸约束面结果　　　　　图 5-37　头盔顶部曲面创建结果

　　提示：由于主线串是相交于一个点，因此，在抽壳等细节设计可能会出现失败，为了避免抽壳失败，应该将收尾部分重新分割再补面，具体操作可参照视频。

　　步骤 7　延伸相关曲面。由于所做的顶部曲面与帽边曲面有不相交的对象，需要进行延伸，因此可以采用修剪与延伸功能进行完成不相交对象。

　　在主菜单工具栏中选择【插入】|【修剪】|【修剪与延伸】命令或在【特征】工具条中单击▾按钮，系统弹出【修剪与延伸】对话框。

　　在【类型】下拉选项选择 按距离 选项，接着在作图区选择头盔顶部曲面为修剪或延伸的面，在【距离】文本框中输入 25，其余参数按系统默认，单击 确定 完成修剪与延伸操作，结果如图 5-38 所示。

　　利用相同的方法，完成其帽边曲面的修剪与延伸操作，结果如图 5-39 所示。

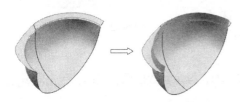

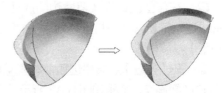

图 5-38　顶部曲面修剪与延伸结果　　　　图 5-39　帽边曲面修剪与延伸最终结果

　　步骤 8　倒圆对象。从小平面体的图形可以看出，顶部曲面与帽边曲面是由一个圆角过渡衔接，因此可在此基础上进行倒圆操作。

　　在主菜单工具栏中选择【插入】|【细节特征】|【面倒圆】命令或在【特征】工具条中

单击 按钮，系统弹出【面倒圆】对话框，如图5-40所示。

在作图区选择顶部曲面为面链1，接着选择帽边曲面为面链2，最后在【半径】文本框中输入3，其余参数按系统默认，单击 确定 完成面倒圆操作，结果如图5-41所示。

图5-40 【面倒圆】对话框

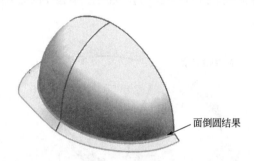

面倒圆结果

图5-41 面倒圆结果

步骤9 镜像主体曲面。在主菜单工具栏中选择【插入】|【关联复制】|【镜像体】命令或在【特征】工具条中单击 按钮，系统弹出【镜像体】对话框。

在作图区选择如图5-41所示的曲面为要镜像的体，接着选择X-Z平面为镜像平面，其余参数按系统默认，单击 确定 完成镜像体操作，结果如图5-42所示。

步骤10 实体化创建。

（1）N边曲面创建 在主菜单工具栏中选择【插入】|【网格曲面】|【N边曲面】命令或在【曲面】工具条中单击 按钮，系统弹出【N边曲面】对话框。

在作图区选择头盔帽边的底部边界为外环的曲线链，在【UV】下拉选项选择 矢量 ，然后单击【设置】卷展栏选项。

图5-42 镜像体结果

在【设置】卷展栏选项中勾选 ☑修剪到边界 选项，其余参数按系统默认，单击 确定 完成N边曲面操作，结果如图5-43所示。

（2）实体化 在主菜单工具栏中选择【插入】|【组合】|【缝合】命令或在【特征】工具条中单击 按钮，系统弹出【缝合】对话框。

在作图区选择主体曲面为要目标片体，接着在作图区选择N边曲面为工具片体，其余参数按系统默认，单击 确定 完成缝合操作，结果如图5-44所示。

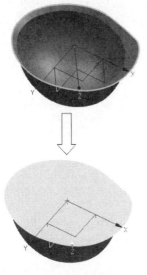

图 5-43   N 边曲面创建结果   图 5-44   实体化创建结果

步骤 11 抽壳主体。在主菜单工具栏中选择【插入】|【偏置/缩放】|【抽壳】命令或在【特征】工具条中单击 按钮，系统弹出【抽壳】对话框。

在作图区选择底平面为要移除的面，接着在【厚度】文本框中输入 2，其余参数按系统默认，单击 确定 完成抽壳创建，产品最终结果如图 5-45 所示。

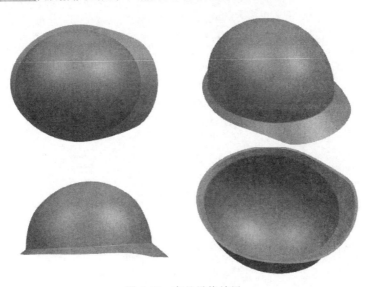

图 5-45   产品最终结果

第 2 篇

模具设计篇

UG NX8.0

产品设计与数控加工案例精析

第1章

插座面盖分型设计

1.1 设计工艺分析

由于产品要求一出二个，因此在模具排位时，要充分考虑模具的对称性与进胶口的一致性。同时产品分型外形比较简单，分型线过渡为平面过渡，具体工艺分析如表 1-1 所示。

表 1-1　插座面盖工艺分析

分析项目	工艺方案图解	工艺分析
分型线与分型面		分型线在产品截面最大轮廓处，分型面做成光顺平滑
型腔布局		此产品要求一出二个

续表

分析项目	工艺方案图解	工艺分析
型腔、型芯		分割后的型腔、型芯

1.2　插座面盖设计流程简介

插座面盖设计流程如表 1-2 所示。

表 1-2　插座面盖设计流程

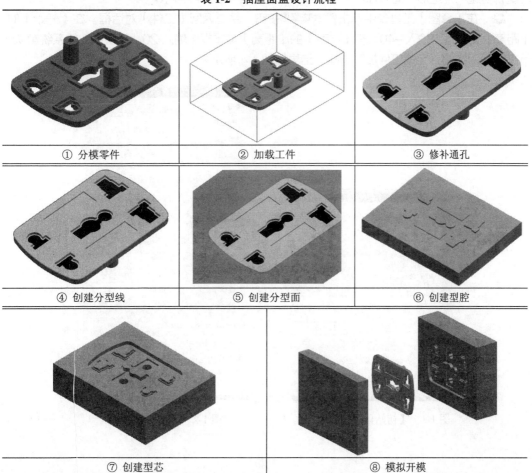

① 分模零件	② 加载工件	③ 修补通孔
④ 创建分型线	⑤ 创建分型面	⑥ 创建型腔
⑦ 创建型芯		⑧ 模拟开模

1.3　分型操作步骤

步骤1 初始化项目。在【注塑模向导】工具条中单击图标 按钮，系统弹出【打开部件文件】对话框，在此找到放置练习文件夹 ch1 并选择 chazuo.prt 文件，单击 OK 按钮，系统弹出【初始化项目】对话框，如图 1-1 所示。在此不做任何参数更改，单击 确定 按钮，系统开始初始化项目计算，并完成初始化项目操作。

步骤2 加载模具坐标。在【注塑模向导】工具条中单击图标 按钮，系统弹出【模具 CSYS】对话框，在此不做任何更改，单击 确定 完成加载模具坐标系操作。

步骤3 计算缩水率。在【注塑模向导】工具条中单击图标 按钮，系统弹出【比例】对话框。在【类型】下拉选项选取【均匀】选项；在【均匀】文本框中输入缩水率为 1.005，其余参数按系统默认，单击 确定 完成缩水率计算操作。

步骤4 加载工件。在【注塑模向导】工具条中单击图标 按钮，系统弹出【工件】对话框，如图 1-2 所示。

　　在【工件】对话框中单击草图 按钮，系统进入草图环境，在此删除草图截面线，自己重新创建一个矩形，同时标注尺寸，最终草图截面如图 1-3 所示。

　　在【草图】工具条中单击 完成草图 按钮，系统返回【工件】对话框。在【开始】的【距离】文本框中输入 −40；在【结束】的【距离】文本框中输入 20，其余参数按系统默认，单击 确定 按钮，完成工件加载创建，结果如图 1-4 所示。

图 1-1　【初始化项目】对话框

图 1-2　【工件】对话框

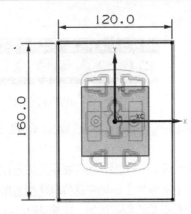

图 1-3　草图截面结果

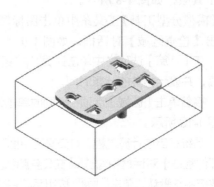

图 1-4　工件加载结果

　　工件加载尺寸应该根据公司定料进行设定，初学者则可以取产品最大尺寸单边加 15～30mm 进行创建工件尺寸。

步骤5　型腔布局。在【注塑模向导】工具条中单击图标▦按钮，系统弹出【型腔布局】对话框，如图 1-5 所示。

➡　在【型腔布局】对话框中单击▦按钮，系统弹出【变换】对话框，如图 1-6 所示。接着在【旋转】卷展栏选项中单击＊ 指定枢轴点 (0)选项，然后在作图区选择左侧的端点为指定枢轴点。

➡　在【角度】文本框中输入 90；在【结果】卷展栏选项中选择◉移动原先的选项，其余参数按系统默认，单击 确定 完成旋转型腔操作，同时系统返回到【型腔布局】对话框。

➡　在【编辑布局】卷展栏选项中单击自动对准中心▦按钮，系统自动将旋转后的工件自动对准在中心，单击 关闭 按钮，完成型腔布局操作，结果如图 1-7 所示。

图 1-5　【型腔布局】对话框

图 1-6　【变换】对话框

图 1-7　工件布局结果

步骤6　模具分型

（1）区域分析。在【注塑模向导】工具条中单击图标▩按钮，系统弹出【模型分型工具】工具条，如图 1-8 所示。

在【模型分型工具】工具条中单击图标  按钮，系统弹出【检查区域】对话框，如图 1-9 所示。

图 1-8　模具分型工具

　　在【计算】选项栏中单击计算 按钮，系统开始计算，并显示相关的计算时间。

　　接着单击【区域】选项栏，同时单击设置区域颜色 按钮，系统开始计算型腔型芯区域，如图 1-10 所示。

　　系统在自动计算过程，对交叉竖直面不能指定给任何一个面，而需要手工进行指定。在【塑模部件验证】对话框中勾选 ☑ 交叉**竖直面**选项；在【指派为】选项中选择 ◉ 型芯**区域**选项，其余参数按系统默认，单击 应用 按钮系统将交叉竖直面指派给型腔区域，结果如图 1-11 所示。

图 1-9　【检查区域】对话框

图 1-10　设置区域颜色结果

图 1-11　检查区域结果

　　（2）修补通孔。在【模型分型工具】工具条中单击图标  按钮，系统弹出【边缘修补】对话框。

　　在作图区选择其中一边界为遍历环边界，其余参数按系统默认，单击 应用 按钮，系统完成边缘修补创建，结果如图 1-12 所示。

　　利用相同的方法，完成其余通孔边界的修补，结果如图 1-13 所示。

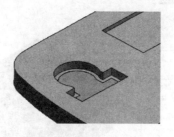
图 1-12　边缘修补结果

图 1-13　边缘修补最终结果

　　（3）创建分型线。在【模型分型工具】工具条中单击图标 按钮，系统弹出【定义区域】对话框。

　　在【设置】卷展栏选项中勾选 ☑创建区域选项和 ☑创建分型线选项，其余参数按系统默认，单击 确定 按钮，系统退出【定义区域】对话框，同时分型线创建结果如图 1-14 所示。

　　（4）创建分型面。在【模型分型工具】工具条中单击图标 按钮，系统弹出【设计分型面】对话框。在此不做任何更改，直接单击 确定 按钮，完成分型面的创建，结果如图 1-15 所示。

图 1-14　分型线创建　　　　　　图 1-15　分型面创建结果

（5）定义型腔和型芯。在【模型分型工具】工具条中单击图标 按钮，系统弹出【定义型腔和型芯】对话框。

　　在【定义型腔和型芯】对话框中选择 型腔区域选项，其余参数按系统默认，单击 应用 完成型腔的创建，结果如图 1-16 所示。

　　在【定义型腔和型芯】对话框中选择 型芯区域选项，其余参数按系统默认，单击 应用 完成型芯的创建，结果如图 1-17 所示。

图 1-16　型腔创建结果　　　　　　图 1-17　型芯创建结果

1.4　型腔布局

一出二模具布局操作介绍如下。

在【注塑模向导】工具条中单击图标 按钮，系统弹出【型腔布局】对话框，如图 1-5 所示。

（1）单击【布局类型】卷展栏选项，系统显示布局类型选项，接着选择【指定矢量】选项，然后在作图区选择 Y 轴为布局的指定矢量方向。

（2）单击【平衡布局设置】卷展栏选项，系统显示平衡布局设置，接着在【缝隙距离】文本框中输入–20；再单击【生成布局】卷展栏选项，系统显示生成布局选项。

　　在生成布局选项中单击【开始布局】图标 按钮，系统开始布局，结果如图 1-18 所示。

　　单击开始布局图标 按钮，系统开始布局，最后再单击【自动对准中心】图标 按钮，系统自动对准中心, 结果如图 1-19 所示。

图 1-18 Y 向布局结果

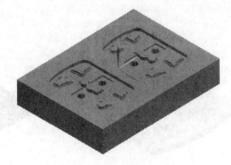

图 1-19 一出二布局结果

第2章

滑钞挡板分型设计

本章主要知识点 >>

- 滑钞挡板工艺分析
- 滑钞挡板分型过程
- 模具工具应用
- 分型线与分型面创建

2.1 设计工艺分析

由于产品要求一出二个，为了保证进胶口一致性，因此在排位布局时应注意对称性。分型线应选在制品最大截面处，同时为了保证制品的外观质量和便于排气，分型面创建在制品的底部，工艺分析如表 2-1 所示。

表 2-1　滑钞挡板工艺分析

分析项目	工艺方案图解	工艺分析
分型线与分型面	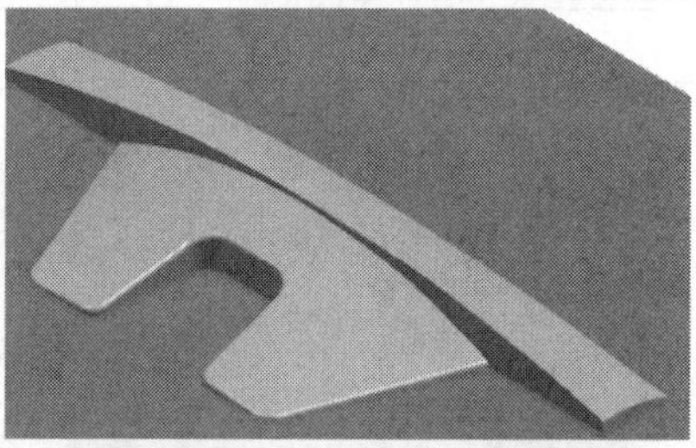	分型线在产品截面最大轮廓处，分型面做成光顺平滑
型腔布局		此产品要求一出二个

续表

分析项目	工艺方案图解	工艺分析
型腔、型芯		分割后的型腔、型芯

2.2 滑钞挡板设计流程简介

滑钞挡板设计流程如表 2-2 所示。

表 2-2 滑钞挡板设计流程

① 分模零件	② 加载工件	③ 创建补片面
④ 创建分型线	⑤ 编辑分型线	⑥ 创建分型面
⑦ 创建型腔	⑧ 创建型芯	⑨ 模拟开模

2.3　分型操作步骤

步骤 1　初始化项目。在【注塑模向导】工具条中单击图标 按钮，系统弹出【打开部件文件】对话框，在此找到放置练习文件夹 ch2 并选择 huachaodangban.prt 文件，单击 按钮，系统弹出【初始化项目】对话框。在此不做任何参数更改，单击 确定 按钮，系统开始初始化项目计算，并完成初始化项目操作。

步骤 2　加载模具坐标。在【注塑模向导】工具条中单击图标 按钮，系统弹出【模具 CSYS】对话框，在此不做任何更改，单击 确定 完成加载模具坐标系操作。

步骤 3　计算缩水率。在【注塑模向导】工具条中单击图标 按钮，系统弹出【比例】对话框。在【类型】下拉选项选取【均匀】选项；在【均匀】文本框中输入缩水率为 2.005，其余参数按系统默认，单击 确定 完成缩水率计算操作。

步骤 4　加载工件。在【注塑模向导】工具条中单击图标 按钮，系统弹出【工件】对话框。

在【工件】对话框中单击草图 按钮，系统进入草图环境，在此删除草图截面线，自己重新创建一个矩形，同时标注尺寸，最终草图截面如图 2-1 所示。

在【草图】工具条中单击 完成草图 按钮，系统返回【工件】对话框。在【开始】的【距离】文本框中输入 -30；在【结束】的【距离】文本框中输入 40，其余参数按系统默认，单击 确定 按钮，完成工件加载创建，结果如图 2-2 所示。

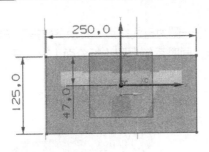
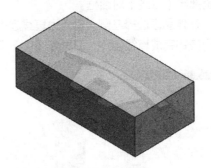

图 2-1　草图截面结果　　　　图 2-2　工件加载结果

工件加载尺寸应该根据公司定料进行设定，初学者则可以取产品最大尺寸单边加 15~30mm 进行创建工件尺寸。

步骤 5　型腔布局。在【注塑模向导】工具条中单击图标 按钮，系统弹出【型腔布局】对话框。

在【编辑布局】卷展栏选项中单击自动对准中心 按钮，系统自动将工件对准在中心，单击 关闭 按钮，完成型腔布局操作，结果如图 2-3 所示。

步骤 6　模具分型。

（1）分割过渡线。在【注塑模向导】工具条中单击图标 按钮，系统弹出【注塑模工具】工具条，如图 2-4 所示。

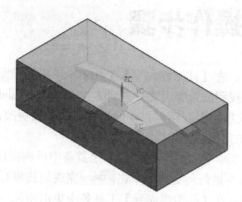

图 2-3 工件布局结果

图 2-4 注塑模工具

➡ 在【注塑模工具】工具条中单击图标 按钮，系统弹出【拆分面】对话框，如图 2-5 所示。

➡ 在作图区选择如图 2-6 所示的面为要分割的面，接着在【拆分面】对话框中单击 按钮，系统弹出【直线】对话框。

➡ 在作图区选择左侧一端点为直线起点，另一侧为直线终点，其余参数按系统默认，单击 确定 按钮完成直线创建，结果如图 2-7 所示，同时系统返回【拆分面】对话框。

图 2-5 【拆分面】对话框

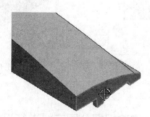

图 2-6 分割面选择结果

直线创建结果

图 2-7 直线创建结果

➡ 在【拆分面】对话框中单击 按钮，接着选择图 2-7 所示的直线为分割曲线，其余参数按系统默认，单击 确定 按钮完成拆分面创建，结果如图 2-8 所示。

➡ 利用相同的方法，完成另一侧的拆分面创建，结果如图 2-9 所示。

（2）创建补片面。由于该产品有三处插穿面，为了分型时分型线能平滑过渡，我们应该将插穿面进行修补。同时在自动修补时不能利用自动修补功能，在此我们利用建模功能中的通过曲线组和及修补曲面命令进行创建。

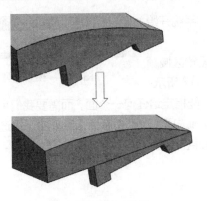
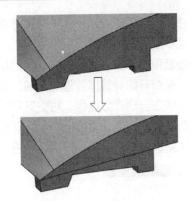

图 2-8　拆分面结果　　　　　　　　　图 2-9　另一侧拆分面结果

在主菜单工具栏中选择【插入】|【网格曲面】|【通过曲线组】或在【曲面】工具条中单击  按钮，系统弹出【通过曲线组】对话框。

　　在作图区选择如图 2-10 所示的线段为截面曲线，在【通过曲线组】对话框中单击【连续性】卷展栏选项，接着勾选【应用于全部】选项。在【第一截面】下拉选项选择【G1（相切）】，然后依序选择相对应的面进行约束相切过渡对象，其余参数按系统默认，单击 确定 完成通过曲线组的操作，结果如图 2-11 所示。

　　利用相同的方法，完成剩余面的创建，最终结果如图 2-12 所示。

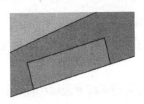
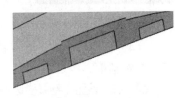

图 2-10　通过曲线组截面选择结果　　图 2-11　通过曲线组结果　　图 2-12　通过曲线组最终结果

在【注塑模工具】工具条中单击图标 按钮，系统弹出【编辑分型面及曲面补片】对话框，如图 2-13 所示。接着在作图区选择如图 2-12 所示的曲面为曲面补片，其余参数按系统默认，单击 确定 完成曲面补片的操作，结果如图 2-14 所示。

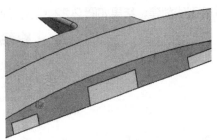

图 2-13　【编辑分型面及曲面补片】对话框　　图 2-14　曲面补片结果

（3）区域分析。在【注塑模向导】工具条中单击图标 按钮，系统弹出【模型分型工具】工具条，如图 2-15 所示。

在【模型分型工具】工具条中单击图标 按钮，系统弹出【检查区域】对话框，如图 2-16 所示。

图 2-15　模具分型工具

在【计算】选项栏中单击计算██按钮，系统开始计算，并显示相关的计算时间。

接着单击【区域】选项栏，同时单击设置区域颜色██按钮，系统开始计算型腔型芯区域，如图 2-17 所示。

系统在自动计算过程，对交叉竖直面不能指定给任何一个面，而需要我们手工进行指定。在【塑模部件验证】对话框中勾选██交叉竖直面选项；在【指派为】选项中选择选项，其余参数按系统默认，单击██应用██按钮系统将交叉竖直面指派给型腔区域，结果如图 2-18 所示。

图 2-16　【检查区域】对话框

图 2-17　设置区域颜色结果

图 2-18　检查区域结果

（4）创建分型线。在【模型分型工具】工具条中单击图标██按钮，系统弹出【定义区域】对话框。

在【设置】卷展栏选项中勾选██创建区域选项和██创建分型线选项，其余参数按系统默认，单击██确定██按钮，系统退出【定义区域】对话框，同时分型线创建结果如图 2-19 所示。

（5）创建分型面。在【模型分型工具】工具条中单击图标██按钮，系统弹出【设计分型面】对话框，如图 2-20 所示。

在【编辑分型线】卷展栏选项中单击██按钮，系统显示一【警报】信息栏，如图 2-21 所示。接着在作图区选择如图 2-14 所示的补片边界为分型线，其余参数按系统默认，单击██确定██按钮完成分型线创建，结果如图 2-22 所示，同时分型面创建结果如图 2-23 所示。

图 2-19　分型线自动创建结果

图 2-20　【设计分型面】对话框

图 2-21　警报信息栏

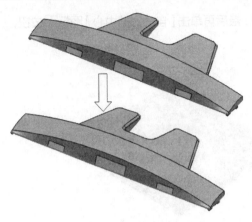

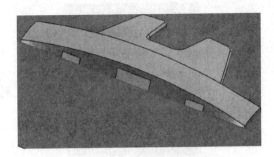

图 2-22　分型线创建结果　　　　　图 2-23　分型面创建结果

（6）定义型腔和型芯。在【模型分型工具】工具条中单击图标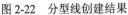按钮，系统弹出【定义型腔和型芯】对话框。

➡ 在【定义型腔和型芯】对话框中选择 型腔区域选项，其余参数按系统默认，单击 应用 完成型腔的创建，结果如图 2-24 所示。

➡ 在【定义型腔和型芯】对话框中选择 型芯区域选项，其余参数按系统默认，单击 应用 完成型芯的创建，结果如图 2-25 所示。

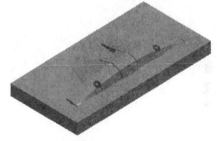

图 2-24　型腔创建结果　　　　　图 2-25　型芯创建结果

2.4 型腔布局

一出二模具布局操作介绍如下。

在【注塑模向导】工具条中单击图标 按钮，系统弹出【型腔布局】对话框。

（1）单击【布局类型】卷展栏选项，系统显示布局类型选项，接着选择【指定矢量】选项，然后在作图区选择 Y 轴为布局的指定矢量方向。

（2）单击【平衡布局设置】卷展栏选项，系统显示平衡布局设置，接着在【缝隙距离】文本框中输入–20；再单击【生成布局】卷展栏选项，系统显示生成布局选项。

➡ 在生成布局选项中单击【开始布局】图标 按钮，系统开始布局，结果如图 2-26 所示。

単击开始布局图标 按钮，系统开始布局，最后再单击【自动对准中心】图标 按钮，系统自动对准中心，结果如图 2-27 所示。

图 2-26　Y 向布局结果

图 2-27　一出二布局结果

第**3**章
电热扇底座分型设计

本章主要知识点 »

- 电热扇底座工艺分析
- 电热扇底座分型过程
- 边缘补边模具工具应用
- 线切割镶件设计
- 分割实体模具工具应用
- 电极设计

3.1 设计工艺分析

由于产品客户要求一模一腔，采用直接进胶，为了保证产品能顺利脱模，我们可以将底座的下模部分采用镶拼式，这样方便抛光打磨。我们应该注意产品的摆放。在此我们采用两边按钮相对进行排位，避免融料到达窄边处形成溶合线，工艺分析如表 3-1 所示。

表 3-1　电热扇工艺分析

分析项目	工艺方案图解	工艺分析
分型线与分型面	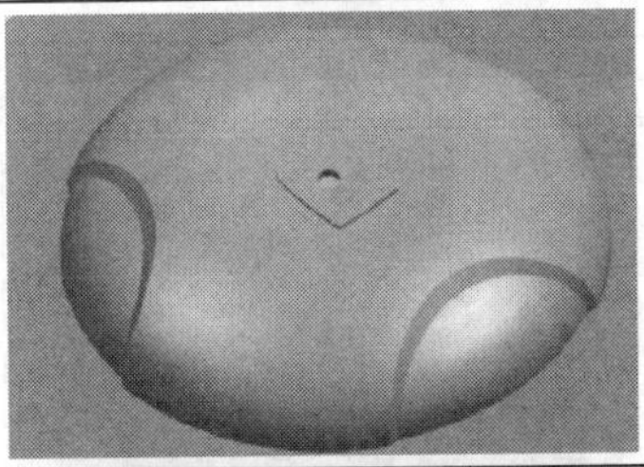	此产品的分型面用一个扩大面即可，所以只要保证分型面足够大就可以了
型腔布局	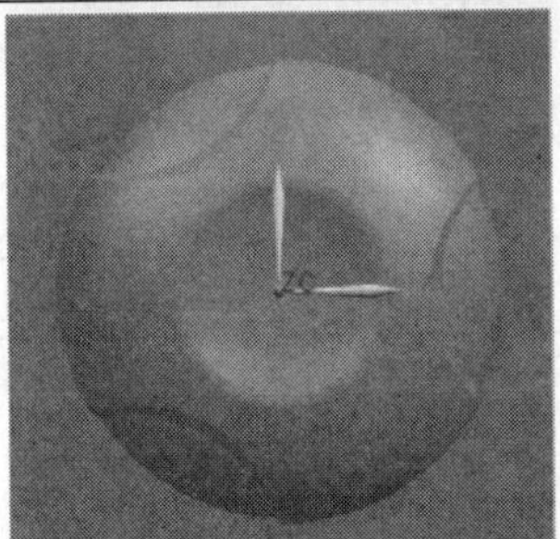	一模一腔

续表

分析项目	工艺方案图解	工艺分析
型腔、型芯		分割后的型腔、型芯

3.2　电热扇底座设计流程简介

电热扇底座设计流程如表 3-2 所示。

表 3-2　电热扇底座设计流程

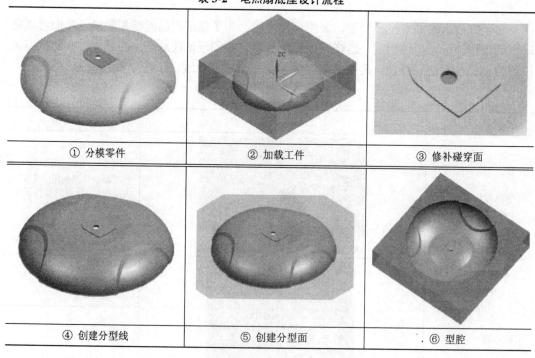

① 分模零件	② 加载工件	③ 修补碰穿面
④ 创建分型线	⑤ 创建分型面	⑥ 型腔

续表

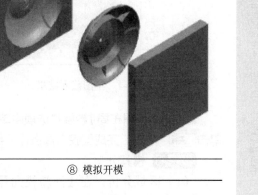	
⑦ 型芯	⑧ 模拟开模

3.3　分型操作步骤

步骤1　初始化项目。在【注塑模向导】工具条中单击图标 按钮，系统弹出【打开部件文件】对话框，在此找到放置练习文件夹 ch3 并选择 digai.prt 文件，单击 按钮，系统弹出【初始化项目】对话框。在此不做任何参数更改，单击 确定 按钮，系统开始初始化项目计算，并完成初始化项目操作。

步骤2　加载模具坐标。在【注塑模向导】工具条中单击图标 按钮，系统弹出【模具 CSYS】对话框，在此不做任何更改，单击 确定 完成加载模具坐标系操作。

步骤3　计算缩水率。在【注塑模向导】工具条中单击图标 按钮，系统弹出【比例】对话框。在【类型】下拉选项选取【均匀】选项；在【均匀】文本框中输入缩水率为 1.005，其余参数按系统默认，单击 确定 完成缩水率计算操作。

步骤4　加载工件。在【注塑模向导】工具条中单击图标 按钮，系统弹出【工件】对话框。

➡　在【工件】对话框中单击草图 按钮，系统进入草图环境，在此删除草图截面线，自己重新创建一个矩形，同时标注尺寸，最终草图截面如图 3-1 所示。

➡　在【草图】工具条中单击 完成草图按钮，系统返回【工件】对话框。在【开始】的【距离】文本框中输入-35；在【结束】的【距离】文本框中输入 70，其余参数按系统默认，单击 确定 按钮，完成工件加载创建，结果如图 3-2 所示。

　　工件加载尺寸应该根据公司定料进行设定，初学者则可以取产品最大尺寸单边加 15～30mm 进行创建工件尺寸。

步骤5　型腔布局。在【注塑模向导】工具条中单击图标 按钮，系统弹出【型腔布局】对话框。

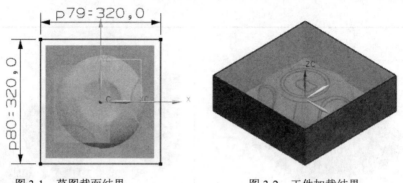

图 3-1　草图截面结果　　　　　　　图 3-2　工件加载结果

在【编辑布局】卷展栏选项中单击自动对准中心⊞按钮，系统自动将工件对准在中心，单击 关闭 按钮，完成型腔布局操作，结果如图 3-3 所示。

步骤6 模具分型

（1）区域分析。在【注塑模向导】工具条中单击图标 按钮，系统弹出【模型分型工具】工具条。

在【模型分型工具】工具条中单击图标 按钮，系统弹出【检查区域】对话框。

在【计算】选项栏中单击计算 按钮，系统开始计算，并显示相关的计算时间。

接着单击【区域】选项栏，同时单击设置区域颜色 按钮，系统开始计算型腔型芯区域，如图 3-4 所示。

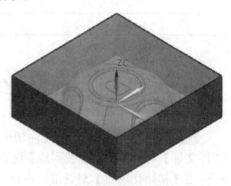

图 3-3　工件布局结果

由图 3-4 可以看出，系统在自动计算过程，对交叉竖直面不能指定给任何一个面，而需要我们手工进行指定。在【塑模部件验证】对话框中勾选☑交叉竖直面选项；在【指派为】选项中选择◉型腔区域选项，其余参数按系统默认，单击 应用 按钮系统将交叉竖直面指派给型腔区域，结果如图 3-5 所示。

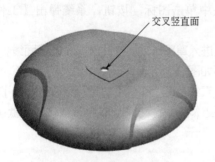
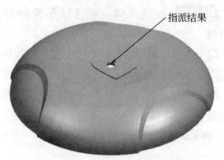

图 3-4　设置区域颜色结果　　　　　　图 3-5　塑模部件验证结果

（2）修补通孔面。由于该产品有碰穿面，为了分型时计算机能自动判断型腔与型芯区域，我们应该将碰穿面进行修补。在【模型分型工具】工具条中单击图标 按钮，系统弹出【边缘修补】对话框。

在作图区选择通孔边界为遍历环边界，其余参数按系统默认，单击 应用 按钮，系统完成边缘修补创建，结果如图 3-6 所示。

（3）分型线创建及定义区域。在【模型分型工具】工具条中单击图标 按钮，系统弹出【定义区域】对话框。

　　　在【设置】卷展栏选项中勾选 ☑创建区域选项和 ☑创建分型线选项，其余参数按系统默认，单击 确定 按钮，系统退出【定义区域】对话框，同时分型线创建结果如图 3-7 所示。

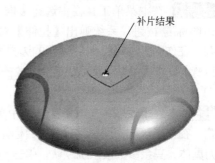

补片结果

图 3-6　分型线创建结果　　　　　图 3-7　边缘补片结果

（4）创建分型面。在【模型分型工具】工具条中单击图标 按钮，系统弹出【设计分型面】对话框。在此不做任何更改，直接单击单击 确定 按钮，完成分型面的创建，结果如图 3-8 所示。

（5）定义型腔和型芯。在【模型分型工具】工具条中单击图标 按钮，系统弹出【定义型腔和型芯】对话框。

　　　在【定义型腔和型芯】对话框中选择 型腔区域 选项，其余参数按系统默认，单击 应用 完成型腔的创建，结果如图 3-9 所示。

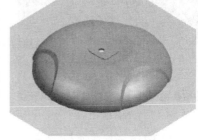

图 3-8　分型面创建结果

　　　在【定义型腔和型芯】对话框中选择 型芯区域 选项，其余参数按系统默认，单击 应用 完成型芯的创建，结果如图 3-10 所示。

图 3-9　型腔创建结果　　　　图 3-10　型芯创建结果

3.4　线切割镶件创建

由于产品的底座筋位壁厚较薄，不能采用简单的电火花加工，必须采用型芯镶拼嵌入式，这样的镶拼块分开容易加工，底座筋位的脱模斜度也容易加工。如果采用电火花加工时，因其间挡壁较薄，在放电过程中，电蚀物不能完整冲出去，这样会造成局部短路，故产生两次放电，这样会电蚀成一个弧位，产品成型时无法顶出。

步骤1 在主菜单工具栏中单击【窗口】|【digai_core_056.prt】部件，系统跳至digai_core_056.prt部件界面。

步骤2 在主菜单工具栏中选择【插入】|【设计特征】|【拉伸】或在【特征】工具条中单击图标██按钮，系统弹出【拉伸】对话框。

➡ 在作图区选择图 3-11 所示的边界为拉伸截面；在【开始】下拉选项选择 对称值 ▼ 选项，在【距离】文本框中输入 100，其余参数按系统默认，单击 确定 按钮完成拉伸创建，结果如图 3-11 所示。

步骤3 在【注塑模工具】工具条中单击图标██按钮，系统弹出【分割实体】对话框。

➡ 在作图区选择型芯为分割的目标体，单击鼠标中键，接着选择如图 3-12 所示的圆柱体为刀具体，其余参数按系统默认，单击 确定 完成分割实体操作，结果如图 3-13 所示。

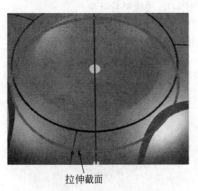

图 3-11 拉伸截面选择结果

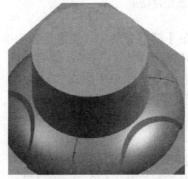

图 3-12 拉伸结果

图 3-13 分割实体结果

步骤4 在主菜单工具栏中选择【插入】|【设计特征】|【拉伸】或在【特征】工具条中单击图标██按钮，系统弹出【拉伸】对话框。

➡ 在【拉伸】对话框中单击██按钮，系统弹出【创建草图】对话框，接着作图区选择线切割镶件底面为草图平面，其余参数按系统默认，单击 确定 进入草图环境。

➡ 利用【草图工具】工具条中的相关命令，完成草图的相关创建，结果如图 3-14 所示；然后标注圆弧的相关尺寸，结果如图 3-15 所示。

图 3-14 草图创建结果

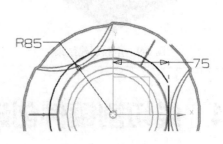

图 3-15 尺寸标注结果

:arrow: 在【草图生成器】工具条中单击 :icon: 完成草图按钮，系统返回【拉伸】对话框。

:arrow: 在【开始】下拉选项选择 值 选项，在【结束】的【距离】文本框中输入 15；在【布尔】下拉选项选择 求和 选项，接着在作图区选择如图 3-13 所示的切割体为要联合的体，其余参数按系统默认，单击 确定 按钮完成拉伸创建，结果如图 3-16 所示。

:步骤5: 在主菜单工具栏中选择【插入】|【组合】|【求差】或在【特征】工具条中单击图标 :icon: 按钮，系统弹出【求差】对话框。

:arrow: 在作图区选择型芯为目标体，单击鼠标中键，接着在作图区选择如图 3-16 所示的线切割镶件为刀具体。

:arrow: 单击【设置】卷展栏，系统显示【设置】选项，接着勾选 :checkbox: 保存工具选项，其余参数按系统默认，单击 确定 按钮求差创建，结果如图 3-17 所示。

图 3-16　线割镶件结果

图 3-17　型芯线割结果

3.5　电极设计

:步骤1: 启动电极设计模块。在【标准】工具条中单击图标 :icon: 开始 ▾ 按钮，然后依序选取【所有应用模块】|【电极设计】，系统弹出【电极设计】工具条，如图 3-18 所示。

:步骤2: 在【电极设计】工具条中单击图标 :icon: 按钮，系统弹出【初始化电极项目】对话框，如图 3-19 所示。

图 3-18　电极设计工具条

图 3-19　【初始化电极项目】对话框

　　⮑　在【投影】文本框中输入"e:\digai_el"。

　　⮑　在【名称】文本框中输入"digai_el"，其余参数按系统默认，接着在【加工组】卷展栏选项中单击添加机床组图标 ⊹ 按钮，系统开始项目初始化，最后单击 确定 完成初始化电极项目操作。

　　步骤3　在【显示资源条】中单击图标 按钮，系统弹出【装配导航器】选项，如图 3-20 所示，接着在【装配导航器】选项中双击组件 ☑ digai_core_056_workin_ 为工作组件。

　　步骤4　在【电极设计】工具条中单击图标 按钮，系统弹出【修剪实体】对话框，在作图区选择如图 3-21 所示的面为修剪面，其余参数按系统默认，单击 确定 完成修剪实体操作，结果如图 3-22 所示。

图 3-20　【装配导航器】选项

图 3-21　修剪面选择结果

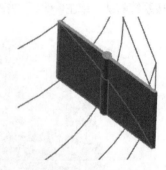
图 3-22　修剪实体结果

　　步骤5　在主菜单工具栏中选择【插入】|【同步建模】|【替换面】或在【同步建模】工具条中单击图标 按钮，系统弹出【替换面】对话框。

　　⮑　在作图区选择图 3-23 所示的面为要替换的面，单击鼠标中键，接着选择如图 3-24 所示的面为替换面，其余参数按系统默认，单击 确定 完成替换面操作，结果如图 3-25 所示。

图 3-23　要替换的面选择结果

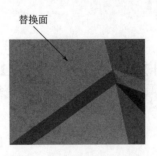
图 3-24　替换面选择结果

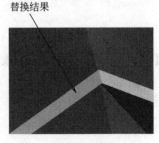
图 3-25　替换面结果

　　步骤6　在【电极设计】工具条中单击图标 按钮，系统弹出【设计毛坯】对话框，如图 3-26 所示，在此不做任何更改，接着在作图区选择电极头，然后单击 确定 完成电极基座设计操作，结果如图 3-27 所示。

　　步骤7　在【装配导航器】选项中双击 ☑ digai_core_056_block_...组件为工作组件。

　　步骤8　创建铜公编号。选择主菜单的【插入】|【曲线】|【文本】命令，或在【曲线】工具条中单击图标 **A** 按钮，系统弹出【文本】对话框。

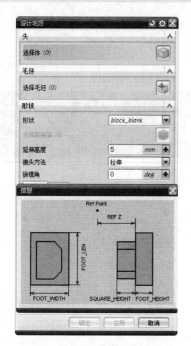
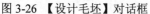

图 3-26 【设计毛坯】对话框

图 3-27 电极基座设计结果

在【文本属性】文本框中输入"铜公1",接着在作图区选取电极基座,单击 确定 完成文本操作,结果如图 3-28 所示。

步骤9 创建基准角。选择主菜单的【插入】|【细节特征】|【倒斜角】命令,或在【特征操作】工具条中单击图标 按钮,系统弹出【倒斜角】对话框。

在【倒斜角】对话框中不做任何更改,接着在作图区选取各铜公右下角的边界为倒斜角边界,单击 确定 完成倒斜角操作,结果如图 3-29 所示。

步骤10 选择主菜单的【文件】|【全部保存】命令,完成电极设计操作。

图 3-28 铜公编号

图 3-29 铜公基准角

第**4**章

玩具飞机分型设计

本章主要知识点 >>

- 玩具飞机工艺分析
- 玩具飞机分型过程
- 边缘补边模具工具应用
- 线切割镶件设计
- 分割实体模具工具应用
- 电极设计

4.1 设计工艺分析

在模具设计之前，必须对产品的结构和工艺进行分析，以便设计的模具节省成本及方便生产。玩具飞机工艺分析如表 4-1 所示。

表 4-1　玩具飞机工艺分析

分析项目	工艺方案图解	工艺分析
分型线与分型面	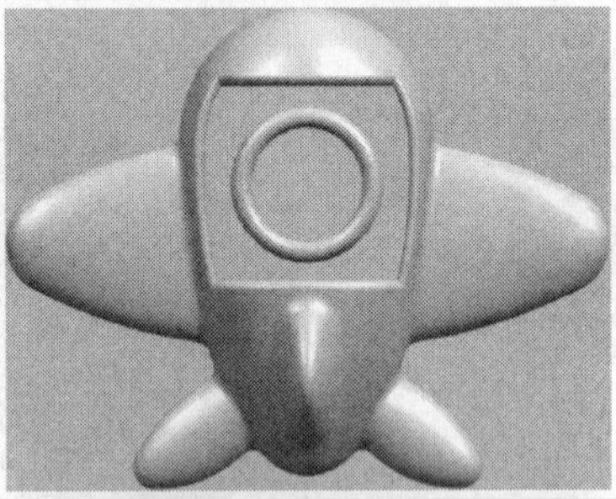	此产品的分型面用一个扩大面即可，所以只要保证分型面足够大就可以了
型腔布局	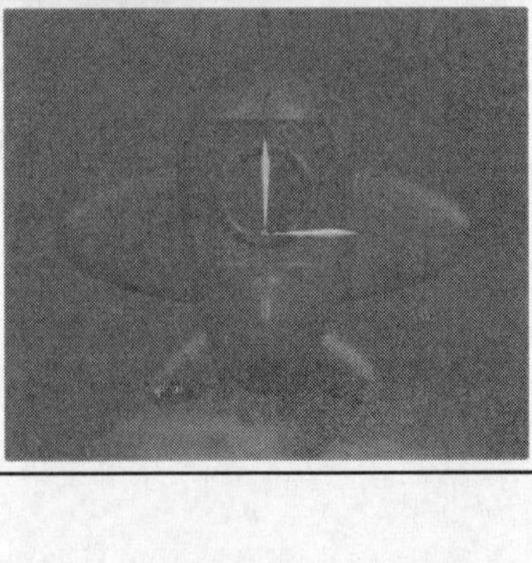	一模一腔

续表

分析项目	工艺方案图解	工艺分析
型腔、型芯	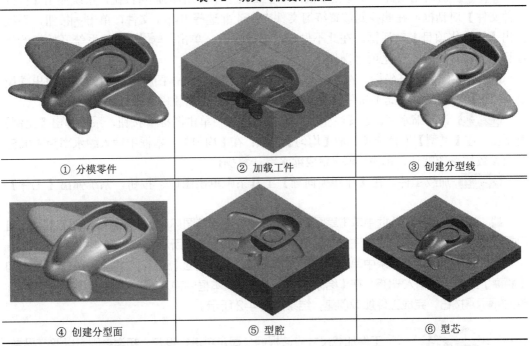	分割后的型腔、型芯

4.2 玩具飞机设计流程简介

玩具飞机设计流程如表 4-2 所示。

表 4-2 玩具飞机设计流程

① 分模零件	② 加载工件	③ 创建分型线
④ 创建分型面	⑤ 型腔	⑥ 型芯

UG NX8.0
产品设计与数控加工案例精析

续表

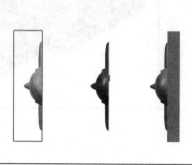

⑦ 模拟开模

4.3　分型操作步骤

步骤1　初始化项目。在【注塑模向导】工具条中单击图标 按钮，系统弹出【打开部件文件】对话框，在此找到放置练习文件夹 ch4 并选择 fly.prt 文件，单击 ok 按钮，系统弹出【初始化项目】对话框。在此不做任何参数更改，单击 确定 按钮，系统开始初始化项目计算，并完成初始化项目操作。

步骤2　加载模具坐标。在【注塑模向导】工具条中单击图标 按钮，系统弹出【模具 CSYS】对话框，在此不做任何更改，单击 确定 完成加载模具坐标系操作。

步骤3　计算缩水率。在【注塑模向导】工具条中单击图标 按钮，系统弹出【比例】对话框。在【类型】下拉选项选取【均匀】选项；在【均匀】文本框中输入缩水率为 1.005，其余参数按系统默认，单击 确定 完成缩水率计算操作。

步骤4　加载工件。在【注塑模向导】工具条中单击图标 按钮，系统弹出【工件】对话框。

　　在【工件】对话框中单击草图 按钮，系统进入草图环境，在此删除草图截面线，自己重新创建一个矩形，同时标注尺寸，最终草图截面如图 4-1 所示。

　　在【草图】工具条中单击 完成草图按钮，系统返回【工件】对话框。在【开始】的【距离】文本框中输入−35；在【结束】的【距离】文本框中输入 80，其余参数按系统默认，单击 确定 按钮，完成工件加载创建，结果如图 4-2 所示。

 工件加载尺寸应该根据公司定料进行设定，初学者则可以取产品最大尺寸单边加 15~30mm 进行创建工件尺寸。

图 4-1 草图截面结果 | 图 4-2 工件加载结果

步骤5 型腔布局。在【注塑模向导】工具条中单击图标按钮，系统弹出【型腔布局】对话框。

在【编辑布局】卷展栏选项中单击自动对准中心按钮，系统自动将工件对准在中心，单击 关闭 按钮，完成型腔布局操作，结果如图 4-3 所示。

图 4-3 工件布局结果

步骤6 模具分型

（1）区域分析。在【注塑模向导】工具条中单击图标按钮，系统弹出【模型分型工具】工具条，如图 4-4 所示。

在【模型分型工具】工具条中单击图标按钮，系统弹出【检查区域】对话框。

图 4-4 模具分型工具

在【计算】选项栏中单击计算按钮，系统开始计算，并显示相关的计算时间。

接着单击【区域】选项栏，同时单击设置区域颜色按钮，系统开始计算型腔型芯区域，如图 4-5 所示，其余参数按系统默认，单击 应用 按钮完成检查区域设置。

（2）创建分型线。在【模型分型工具】工具条中单击图标按钮，系统弹出【定义区域】对话框。

在【设置】卷展栏选项中勾选☑创建区域选项和☑创建分型线选项，其余参数按系统默认，单击 确定 按钮，系统退出【定义区域】对话框，同时分型线创建结果如图 4-6 所示。

UG NX8.0 产品设计与数控加工案例精析

图 4-5　检查区域结果

（3）创建分型面。在【模型分型工具】工具条中单击图标按钮，系统弹出【设计分型面】对话框。在此不做任何更改，直接单击 确定 按钮，完成分型面的创建，结果如图 4-7 所示。

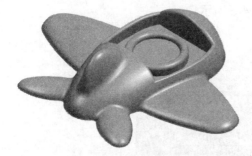

图 4-6　分型线创建

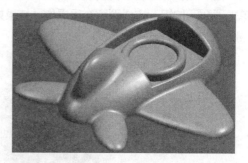

图 4-7　分型面创建结果

（4）定义型腔和型芯。在【模型分型工具】工具条中单击图标按钮，系统弹出【定义型腔和型芯】对话框。

　　在【定义型腔和型芯】对话框中选择 型腔区域选项，其余参数按系统默认，单击 应用 完成型腔的创建，结果如图 4-8 所示。

　　在【定义型腔和型芯】对话框中选择 型芯区域选项，其余参数按系统默认，单击 应用 完成型芯的创建，结果如图 4-9 所示。

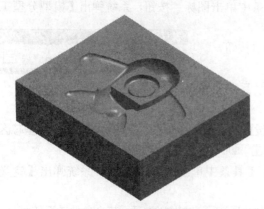

图 4-8　型腔创建结果

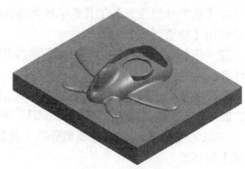

图 4-9　型芯创建结果

第**5**章
头盔产品手工分型设计

本章主要知识点 ≫

- 手动分型操作步骤
- 抽取区域面手动分型法

　　抽取区域面分型方法是指利用建模功能中抽取体命令进行创建型腔面及型芯面，然后经过拉伸、通过曲线网格、桥接曲线等功能进行创建分型面，下面将以头盔产品为例，介绍抽取区域面手动分型法。

5.1　抽取区域面手动分型法思路分析

　　抽取区域面分型方法是指利用建模功能中抽取体命令进行创建型腔面及型芯面，其操作流程如表 5-1 所示。

表 5-1　抽取区域面手动分型法思路分析

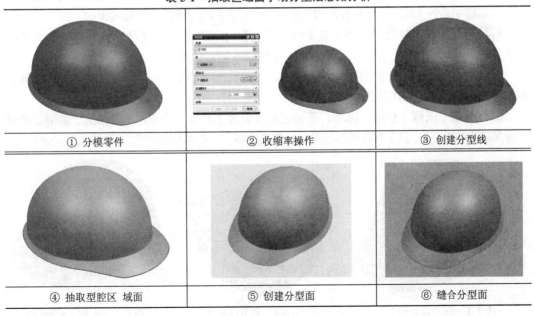

① 分模零件	② 收缩率操作	③ 创建分型线
④ 抽取型腔区 域面	⑤ 创建分型面	⑥ 缝合分型面

续表

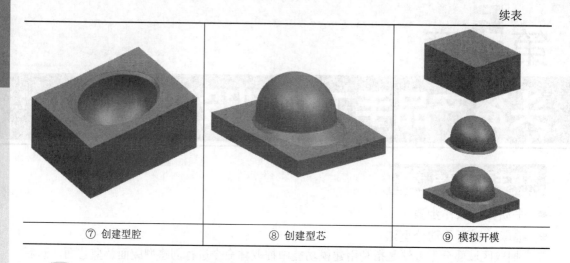

| ⑦ 创建型腔 | ⑧ 创建型芯 | ⑨ 模拟开模 |

5.2 抽取区域面方法分型过程

步骤1 选择主菜单的【文件】|【打开】命令或单击工具栏的图标🔄按钮，系统将弹出【打开部件文件】对话框，在此找到放置练习文件夹 ch5 并选择 toukui.prt 文件，单击OK按钮系统进入建模环境。

步骤2 选择主菜单的【插入】|【偏置/缩放】|【缩放】命令或在【特征】工具条中单击图标按钮，系统弹出【比例】对话框。

🔄 在【类型】下拉选项选取 📐均匀▼ 选项；在作图区选择产品体为要缩放的体。接着在【均匀】文本框中输入 1.005，其余参数按系统默认，单击 确定 完成比例缩放操作。

步骤3 抽取型腔面。选择主菜单的【插入】|【关联复制】|【抽取体】命令或在【特征】工具条中单击图标按钮，系统弹出【抽取体】对话框。

🔄 在【类型】下拉选项选取 面区域▼ 选项；接着选择如图 5-1 所示的面种子面，接着选取如图 5-2 所示的面为边界面。

🔄 单击【设置】卷展栏选项，系统显示【设置】选项，接着勾选☑固定于当前时间戳记及☑隐藏原先的选项，其余参数按系统默认，单击 确定 完成面区域创建，结果如图 5-3 所示。

图 5-1 种子面选取   图 5-2 边界面选取   图 5-3 抽取区域面结果

步骤4 创建分型面。

（1）在主菜单工具栏中单击【插入】|【曲线】|【直线】或在【曲线】工具条中单击

图标╱按钮，系统弹出【直线】对话框。

　　　在作图区选择如图 5-4 所示的端点为直线起点，接着沿 X 轴方向至一定距离，其余参数按系统默认，单击 确定 完成直线创建，结果如图 5-5 所示。

直线结果

直线起点

图 5-4　直线起点选择结果　　　　　　　图 5-5　直线创建结果

　　（2）在主菜单工具栏中选择【插入】|【设计特征】|【拉伸】命令或在【特征】工具条中单击 按钮，系统弹出【拉伸】对话框。

　　　在作图区选择如图 5-5 所示的线段为拉伸截面；在【方向】卷展栏选项中选择 Y 轴为拉伸方向；然后在【终点】的【距离】文本框中输入 100，其余参数按系统默认，单击 确定 完成拉伸操作，结果如图 5-6 所示。

　　　利用相同的方法，完成另一侧的拉伸，结果如图 5-7 所示。

图 5-6　拉伸结果　　　　　　　　　图 5-7　拉伸另一侧的结果

　　（3）在主菜单工具栏中选择【插入】|【来自曲线集的曲线】|【桥接】命令或在【曲线】工具条中单击 按钮，系统弹出【桥接曲线】对话框。

　　　在作图区选择如图 5-8 所示的线段为起始对象；选择如图 5-9 所示的线段为终止对象。其余参数按系统默认，单击 确定 完成桥接曲线创建，结果如图 5-10 所示。

桥接起始曲线

桥接终止曲线

桥接曲线结果

图 5-8　起始对象选择结果　　　图 5-9　终止对象选择结果　　　图 5-10　桥接曲线结果

（4）在主菜单工具栏中选择【插入】|【曲线网格】|【通过曲线网格】命令或在【曲面】工具条中单击█按钮，系统弹出【通过曲线网格】对话框。

　　⏩　在作图区选择图 5-5 的直线为主曲线 1，接着选择图 5-7 的曲面边界为主曲线 2（注：每次选择完成一主曲线后，单击鼠标中键）。

　　⏩　在作图区选择如图 5-10 所示的桥接曲线为交叉曲线 1，选择分型线的其中一边为交叉曲线 2，其余参数按系统默认，单击█确定█完成通过曲线网格创建，结果如图 5-11 所示。

图 5-11　通过曲线网格创建结果　　　　图 5-12　镜像分型面结果

步骤5 镜像网格曲面。选择主菜单的【插入】|【关联复制】|【镜像体】命令或在【特征】工具条中单击图标⬥按钮，系统弹出【镜像体】对话框。

　　⏩　在作图区选择图 5-11 所示的网格曲面为要镜像的体，接着选择 X-Z 平面为镜像平面，其余参数按系统默认，单击█确定█按钮完成镜像体创建，结果如图 5-12 所示。

步骤6 缝合分型面。选择主菜单的【插入】|【组合】|【缝合】命令或在【特征】工具条中单击图标██按钮，系统弹出【缝合】对话框。

　　⏩　在作图区选取抽取区域面的片体为目标片体，然后框选作图区中的所有片体为刀具片体，其余参数按系统默认，单击█确定█按钮完成缝合创建，结果如图 5-13 所示。

步骤7 工件创建

（1）在主菜单工具栏中选择【格式】|【图层设置】命令或在【实用工具】工具条中单击██按钮，系统弹出【图层设置】对话框。

图 5-13　分型面缝合结果

　　⏩　在【工作图层】文本框中输入 8 按 Enter 键，其余为可选层，单击█关闭█完成工作图层设置。

（2）选择主菜单的【插入】|【设计特征】|【拉伸】命令或在【特征】工具条中单击图标██按钮，系统弹出【拉伸】对话框。

　　⏩　在作图区选择 X-Y 平面草图平面，系统进入草图环境。在草图环境中绘制草图，并标注相关尺寸，完成结果如图 5-14 所示，单击██ 完成草图按钮返回【拉伸】对话框。

　　⏩　在【开始】下拉选项选取▐对称值▼▐选项，接着在【距离】文本框中输入 120，其余参数按系统默认，单击█确定█完成拉伸操作，结果如图 5-15 所示。

步骤8 创建型腔。选择主菜单的【插入】|【修剪】|【修剪体】命令或在【特征】工具条中单击图标██按钮，系统弹出【修剪体】对话框。

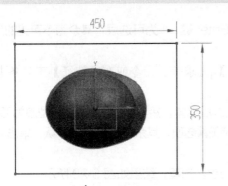

图 5-14　草图结果

图 5-15　工件创建结果

在作图区选择如图 5-15 所示的实体为目标体，单击鼠标中键，系统跳至【刀具】卷展栏，接着在作图区选取分型面为工具体，其余参数按系统默认，单击 确定 完成修剪体操作，结果如图 5-16 所示（注：如果修剪方向不正确时，则单击图标 按钮）。

步骤9 创建型芯。

（1）在主菜单工具栏中选择【格式】|【图层设置】命令或在【实用工具】工具条中单击 按钮，系统弹出【图层设置】对话框。

在【工作图层】文本框中输入 7 按 Enter 键，8 为可选层，其余为不可见的层，单击 关闭 完成工作图层设置。

（2）在【模具工具】工具条中单击图标 按钮，系统弹出【创建箱体】对话框。

图 5-16　型腔创建结果

在作图区选择如图 5-17 所示的面为对象边框，接着在【默认间隙】文本框中输入 0。然后选取底部的箭头方向往底部拖至 60，其余参数按系统默认，单击 确定 完成创建箱体操作，结果如图 5-18 所示。

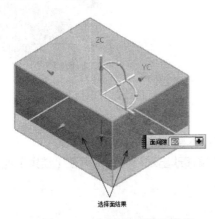

图 5-17　创建方块面选择结果

图 5-18　创建方块结果

（3）在主菜单工具栏中选择【格式】|【图层设置】命令或在【实用工具】工具条中单击 按钮，系统弹出【图层设置】对话框。

　在【工作图层】文本框中输入 7 按 Enter 键，1 为可选层，其余为不可见的层，单击 关闭 完成工作图层设置。

（4）选择主菜单的【插入】|【组合体】|【求差】命令或在【特征】工具条中单击图标 按钮，系统弹出【求差】对话框。

　在作图区选择如图 5-18 所示的方块为目标体，接着选择图 5-16 的型腔为刀具体。

　在【设置】卷展栏选项中勾选 ✓ 保持工具 选项，其余参数按系统默认，单击 确定 完成求差操作，结果如图 5-19 所示。

　依照上述操作，完成产品体与型芯的求差创建，结果如图 5-20 所示。

图 5-19　与型腔求差结果　　　　　　　图 5-20　与产品求差结果

如果产品与型芯无法布尔运算时，则可以重复本章的步骤 3 和步骤 5 进行重新抽取面，最后利用抽取面及分型面进行分割型芯即可。

步骤 10　模拟开模。选择主菜单的【编辑】|【移动对象】命令或在【标准】工具条中单击图标 按钮，系统弹出【移动对象】对话框。

　在作图区选择型腔为要做的移动对象，在【运动】下拉选项选择 距离 选项；接着选择 Z 轴为运动矢量方向，然后在【距离】文本框中输入 200，其余参数按系统默认，单击 确定 完成移动操作。

　利用相同的方法，完成型芯的移动创建，结果如图 5-21 所示。

图 5-21　模拟开模结果

1. 在手工分型时，模拟开模不是一定要做的。

2. 在移动对象操作时，如果移动出现错误，则可在【结果】卷展栏选项中点选 ⦿ 复制原先的选项。

第 3 篇

数控加工篇

UG NX8.0
产品设计与数控加工案例精析

第1章

插座面盖数控加工案例剖析

本章主要知识点 》》

- 前模加工方法
- 前模加工注意点
- 后模加工方法
- 后模加工注意点
- 电极设计

1.1 前模加工方案

由于前模形状简单,各个部件进行线切割镶拼,并不需要进行数控开粗加工。因此,我们前模加工只讲解线切割镶件拆分。

步骤 1 运行 NX8.0 软件。

步骤 2 选择主菜单的【文件】|【打开】命令或单击工具栏图标 按钮,系统将弹出【打开部件文件】对话框,在此找到放置练习文件夹 ch1 并选择 cavity.prt 文件,单击 OK 进入 UG 建模界面。

步骤 3 在标准工具栏中单击 开始 下拉菜单【所有应用模块】|【注塑模向导】,系统弹出【注塑模向导】工具条。

步骤 4 在【注塑模向导】工具条中单击图标 按钮,系统弹出【注塑模工具】工具条。

在【注塑模工具】工具条中单击图标 按钮,系统弹出【修剪实体】对话框,如图 1-1 所示。

在作图区选取如图 1-2 所示的面为修剪面,其余参数按系统默认,单击 确定 完成修剪实体操作,结果如图 1-3 所示。

步骤 5 在【注塑模工具】工具条中单击图标 按钮,系统弹出【延伸实体】对话框,如图 1-4 所示。

在作图区选取修剪实体的底面为要延伸的面,接着在【偏置值】文本框中输入 20,其余参数按系统默认,单击 确定 完成延伸实体操作,结果如图 1-5 所示。

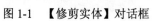

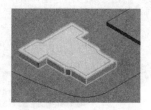

图 1-1　【修剪实体】对话框　　　图 1-2　修剪面选择结果　　　图 1-3　修剪实体结果

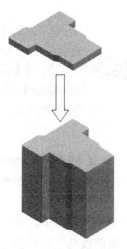

图 1-4　【延伸实体】对话框　　　　　　图 1-5　延伸实体结果

步骤 6 在主菜单工具栏中选择【插入】|【组合】|【求差】命令或在【特征】工具条中单击 按钮，系统弹出【求差】对话框。

在作图区选择型腔为目标体，接着选择如图 1-5 所示的延伸实体为工具体，然后单击【设置】下拉卷展栏选项。

在【设置】下拉卷展栏选项中勾选 保存工具，其余参数按系统默认，单击 确定 完成求差操作，结果如图 1-6 所示。

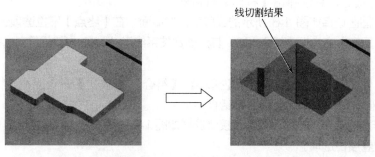

线切割结果

图 1-6　求差结果

步骤7 利用上述步骤5至步骤6的步骤，完成剩余线割镶件的创建，结果如图1-7所示。

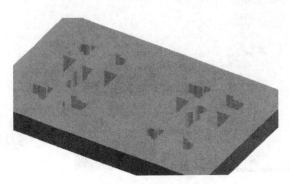

图1-7　线切割镶件结果

1. 本例中，可以使用拉伸命令去完成，同时可一次性拉伸后进行布尔运算的求差命令完成线割创建；

2. 本例采用修剪实体命令去完成，主要目的是让读者了解此功能，此功能比较适合做一些表面不规则的曲面轮廓等形状，电极设计也比较常用此方法。

1.2　后模加工方案

由于后模形状也较简单，各个部件进行线切割镶拼，但内腔需要进行数控加工。下面我们将介绍后模的线切割镶件拆分及数控加工。

步骤1 运行 NX8.0 软件。

步骤2 选择主菜单的【文件】|【打开】命令或单击工具栏图标 按钮，系统将弹出【打开部件文件】对话框，在此找到放置练习文件夹 ch1 并选择 core.prt 文件，单击 OK 进入 UG 建模界面。

步骤3 在标准工具栏中单击 开始 下拉菜单【所有应用模块】|【注塑模向导】，系统弹出【注塑模向导】工具条。

步骤4 在主菜单工具栏中选择【插入】|【设计特征】|【拉伸】命令或在【特征】工具条中单击 按钮，系统弹出【拉伸】对话框。

在作图区选择如图 1-8 所示的线段为拉伸截面；在【终点】下拉选项选择 对称值 选项，接着在【距离】文本框中输入 40，其余参数按系统默认，单击 确定 完成拉伸操作，结果如图 1-9 所示。

步骤5 在主菜单工具栏中选择【插入】|【组合】|【求交】命令或在【特征】工具条中单击 按钮，系统弹出【求交】对话框。

在作图区选择型芯为目标体，接着选择如图 1-9 所示的拉伸实体为工具体，然后单击【设置】下拉卷展栏选项。

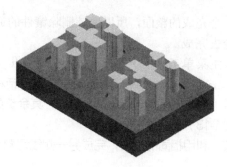

图 1-8　拉伸截面线　　　　　　　　　　图 1-9　拉伸结果

在【设置】下拉卷展栏选项中勾选 ☑保存目标，其余参数按系统默认，单击 确定 完成求交操作，结果如图 1-10 所示。

步骤6 在主菜单工具栏中选择【插入】|【组合】|【求差】命令或在【特征】工具条中单击 按钮，系统弹出【求差】对话框。

在作图区选择型芯为目标体，接着框选如图 1-10 所示的求交实体为工具体，然后单击【设置】下拉卷展栏选项。

在【设置】下拉卷展栏选项中勾选 ☑保存工具，其余参数按系统默认，单击 确定 完成求差操作，结果如图 1-11 所示。

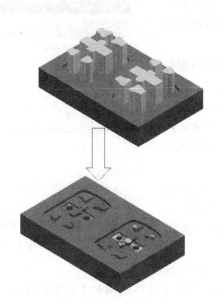

图 1-10　求交结果　　　　　　　　　　图 1-11　求差结果

1. 本例可采用上一节的修剪实体方法去完成线切割镶件操作；

2. 由于只是介绍线切割方法，因此底部镶件并没有做限位装置，如采用 T 形或攻螺丝孔等。

步骤7 删除镶件通腔。

由于镶件的地方是通腔，它是经过电火花线切割加工而成，在数控加工时，加工的对象是一个完成的整面，所以应该删除镶件的通腔孔，删除通腔孔可通过同步建模中的删除面命令去完成。

在主菜单工具栏中选择【插入】|【同步建模】|【删除面】命令或在【同步建模】工具条中单击 ✕ 按钮，系统弹出【删除面】对话框，如图1-12所示。

🔲　在作图区框选线切割孔对象，其余参数按系统默认，单击 确定 完成删除面操作，结果如图1-13所示。

🔲　利用相同的方法，完成另一侧线切割孔的删除操作，结果如图1-14所示。

图1-12　【删除面】对话框

图1-13　删除面结果

图1-14　删除线切割孔结果

步骤 8　进入数控加工环境及父节点设置。在标准工具栏中单击 🔘 开始▾ 下拉菜单【所有应用模块】|【加工】，系统弹出【加工环境】对话框，如图1-15所示。在此不做任何更改，单击 确定 按钮进入数控加工环境。

（1）创建程序组。在【加工创建】工具栏中单击图标 🔲 按钮，系统弹出【创建程序】对话框。

🔲　在【类型】下拉列表中选择【mill_contour】选项。

🔲　在【程序】下拉列表中选择【NC_PROGRAM】。

🔲　在【名称】处输入名称【core】，单击 确定 完成程序组操作。

（2）创建刀具组。在【加工创建】工具栏中单击图标 🔲 按钮，系统弹出【创建刀具】对话框，如图1-16所示。

🔲　在【类型】下拉列表中选择【mill_contour】选项；在【刀具子类型】选项卡中单击图标 🔲 按钮。

图1-15　【加工环境】对话框

🔲　在【刀具】下拉列表中选择【GENGRIC_MACHINE】选项。

🔲　在【名称】文本框中输入D16，单击 应用 进入【铣刀-5参数】设置对话框，如图1-17所示。

🔲　在【直径】文本框中输入16。

🔲　在【材料】为CARBIDE（可点单击图标 🔲 进入设置刀具材料）。

🔲　【刀具号】文本框中输入1；【刀具补偿】文本框中输入1，其余参数按系统默认，单击 确定 按钮完成1号刀具创建。

（3）创建几何体组。在【加工创建】工具栏中单击图标 🔲 按钮，系统弹出【创建几何体】对话框，如图1-18所示。

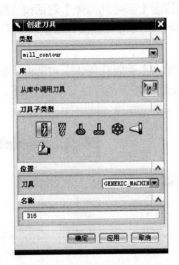

图 1-16　【创建刀具】对话框

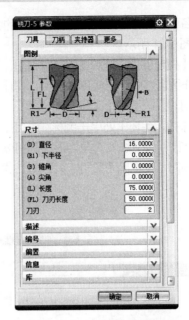

图 1-17　刀具参数设置对话框

机床坐标系创建

- 在【类型】下拉列表中选择【mill_contour】选项。
- 在【几何体子类型】选卡中单击图标 按钮。
- 在【几何体】下拉列表中选择【GEOMETRY】。
- 【名称】处的几何节点按系统默认的名称【MCS】，接着单击 应用 进入系统弹出【MCS】对话框，如图 1-19 所示。
- 在【指定 MCS】处单击 （自动判断）然后在作图区选择毛坯顶面为 MCS 放置面，然后单击 确定 ，完成加工坐标系的创建，结果如图 1-20 所示。

图 1-18　【创建几何体】对话框

图 1-19　【MCS】对话框

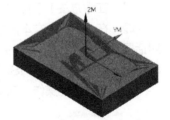

图 1-20　MCS 放置面

工件创建

- 在【类型】下拉列表中选择【mill_contour】选项。
- 在【几何体子类型】选卡中单击图标 按钮。
- 在【几何体】下拉列表中选择【MCS】。

UG NX8.0 产品设计与数控加工案例精析

【名称】处的几何节点按系统默认的名称【WORKPIECE】，单击 确定 进入【工件】对话框，如图 1-21 所示。

在【指定部件】处单击图标 按钮，系统弹出【部件几何体】对话框，如图 1-22 所示；接着在作图区选取黑色实体为部件几何体，其余参数按系统默认，单击 确定 完成部件几何体操作，同时系统返回【工件】对话框。

在【指定毛坯】处单击图标 按钮，系统弹出【毛坯几何体】对话框，如图 1-23 所示；接着在作图区选取线框对象为毛坯几何体，其余参数按系统默认，单击 确定 完成毛坯几何体操作，同时系统返回【工件】对话框，再单击 确定 完成工件操作。

图 1-21 【工件】对话框　　图 1-22 【部件几何体】对话框　　图 1-23 【毛坯几何体】对话框

（4）创建方法。在【加工创建】工具栏中单击图标 按钮，系统弹出【创建方法】对话框，如图 1-24 所示。

在【类型】下拉列表中选择【mill_contour】选项。

在【方法子类型】单击图标 按钮。

在【方法】下拉列表中选择【METHOD】选项。

在【名称】文本框中输入名称 MILL_R，单击 应用 系统弹出【模具粗加工 HSM】对话框，如图 1-25 所示；接着在【部件余量】文本框中输入 0.5，其余参数按系统默认，单击 确定 完成模具粗加工 HSM 操作。

依照上述操作，依次 MILL_F（精加工），其中精加工部件余量为 0。

创建父节点是为了提高编程效率，因为很多相关参数在加工时都是重复设置，因此创建父节点为了避免重复设置。

步骤9 创建操作。在【加工创建】工具栏中单击图标 按钮，系统弹出【创建工序】对话框，如图 1-26 所示。

在【类型】下拉列表中选择【mill_contour】选项。

图 1-24　【创建方法】对话框

图 1-25　【模具粗加工】对话框

在【工序子类型】选项卡中单击图标 按钮。

在【程序】下拉列表中选择【CAVITY】选项为程序名。

在【刀具】下拉列表中选择【D16】。

在【几何体】下拉列表中选择【WORKPIECE】选项。

在【方法】下拉列表中选择【MILL_R】选项。

在【名称】文本框中输入 CA1，单击 应用 ，系统弹出【型腔铣】对话框，如图 1-27 所示。

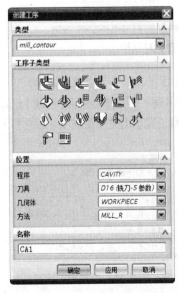

图 1-26　【创建工序】对话框

图 1-27　【型腔铣】对话框

步骤 10 在【型腔铣】对话框中设置如下参数。

（1）刀轨设置

☐ 在【切削模式】下拉选项选择【跟随周边】选项。

☐ 在【步距】下拉选项选择【刀具平直百分比】选项。

☐ 在【平面直径平面直径百分比】文本中输入 70%。

☐ 在【每刀的公共深度】下拉选项选择【恒定】，在【最大距离】文本框中输入 0.5，结果如图 1-28 所示。

图 1-28 刀轨设置

（2）切削参数设置

☐ 在【型腔铣】对话框中单击【切削参数】图标 按钮，系统弹出【切削参数】对话框，如图 1-29 所示。

☐ 在【切削顺序】下拉选项选取【深度优先】选项。

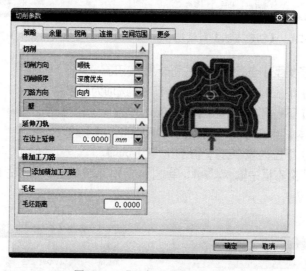

图 1-29 【切削参数】对话框

☐ 在【图样方向】下拉菜单选取【向内】选项。

☐ 在壁 下拉选项勾选 岛清理，接着在【壁清理】下拉选项选取【自动】选项，如图 1-30 所示；然后在【切削参数】对话框单击 余量 按钮，系统显示相关余量选项，如图 1-31 所示。

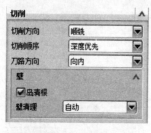

图 1-30 切削参数设置

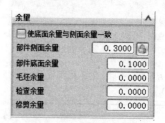

图 1-31 余量相关选项

☐ 在余量下拉选项中去除 使用"底部面和侧壁余量一致"勾选选项，在【部件底部面余量】处输入 0.1；其余参数按系统默认，单击 确定 完成切削参数操作，同时系统返回【型腔铣】对话框。

（3）非切削移动参数设置

在【型腔铣】对话框中单击【非切削移动】图标按钮，系统弹出【非切削运动】对话框，如图 1-32 所示。

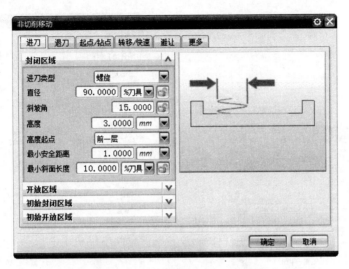

图 1-32　【非切削移动】对话框

① 进刀封密区域参数设置

在【进刀类型】下拉选项选取【螺旋】选项。

在【直径】文本框中输入 90%。

在【斜坡角】文本框中输入 15。

在【高度】文本框中输入 3。

在【最小安全距离】文本框中输入 1。

在【最小斜面长度】文本框中输入 10。

② 进刀开放区域参数设置

在【进刀类型】下拉选项选取【圆弧】选项。

在【半径】文本框中输入 5mm，结果如图 1-33 所示。

③ 转移/快速参数设置

在【非切削运动】对话框中单击 转移/快速 按钮，系统显示相关的转移/快速选项。

在【安全设置选项】下拉选项选取【自动平面】选项。

在【安全距离】文本框中输入 30。

在【转移类型】下拉选项选取【安全距离-刀轴】。

在【转移方式】下拉选项选取【进刀/退刀】

在【转移类型】下拉选项选取【前一平面】。

图 1-33　进刀/退刀参数设置

在【安全距离】文本框中输入 3，其余参数按系统默认，单击 确定 完成【非切削运动】参数设置，结果如图 1-34 所示，同时并返回【型腔铣】对话框。

（4）进给率与主轴转速参数设置

在【型腔铣】对话框中单击【进给率和速度】图标按钮，系统弹出【进给率和速度】

对话框，如图 1-35 所示。

在【主转速度】文本框中输入 1800，接着在【切削】文本框中输入 1200，其余参数按系统默认，单击 确定 完成【进给率和速度】的参数设置。

图 1-34　转移/快速参数设置

图 1-35　【进给率和速度】对话框

步骤 11 粗加工刀具路径生成　在【型腔铣】对话框中单击生成图标 按钮，系统会开始计算刀具路径，计算完成后，单击 确定 完成粗加工刀具路径操作，结果如图 1-36 所示。

步骤 12 精加工操作　因为开粗刀路经过设置不同切削模式可以对工件进行精加工操作，因此只要将前面的刀具路径进行复制，接着重新选取一把新刀具即可。

单击 MILL_R 前面的+，读者会看到名为 CA1 的刀具路径。

将鼠标移至 CA1 刀具路径中，单击右键系统弹出快捷方式。

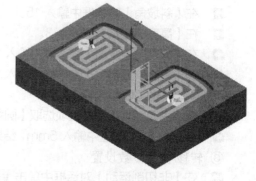

图 1-36　粗加工刀具路径

在快捷方式单击【复制】，接着将鼠标移至 MILL_R 中，单击右键系统弹出快捷方式，然后单击【内部粘贴】选项，此时读者可以看到一个过时的刀具路径名 CA1_COPY；最后将 CA1_COPY 更名为 CA2。

在 CA2 对象中双击左键，系统弹出【型腔铣】对话框。

步骤 13 在型腔铣对话框中设置如下参数。

（1）切削模式及相关参数设置

在【方法】下拉选项选择 MILL_M 选项。

在【切削模式】下拉选项选择 轮廓加工 选项。

在【每刀的公共深度】下拉选项选择【恒定】，在【最大距离】文本框中输入 3，结果如图 1-37 所示。

（2）切削参数设置

　　📲 接着在【型腔铣】对话框中单击【切削参数】图标■按钮，系统弹出【切削参数】对话框。

　　📲 在【切削参数】对话框中单击 余量 按钮，系统显示余量相关选项，接着在【部件侧面余量】文本框中输入 0，其余参数按系统默认，单击 确定 完成【切削参数】设置，同时系统返回【型腔铣】对话框。

图 1-37　切削模式及相关参数设置结果

　　📲 在【型腔铣】对话框中单击【进给率和速度】图标■按钮，系统弹出【进给】对话框。

　　📲 在【主转速度】文本框中输入 3000。

　　在【切削】文本框中输入 1200，其余参数按系统默认，单击 确定 完成【进给率和速度】的操作。

　　步骤14　精加工刀具路径生成　在【型腔铣】对话框中单击生成图标■按钮，系统会开始计算刀具路径，计算完成后，单击 确定 完成精加工刀具路径操作，结果如图 1-38 所示。

　　步骤15　精加工底面创建　在【加工创建】工具栏中单击图标■按钮，系统弹出【创建工序】对话框。

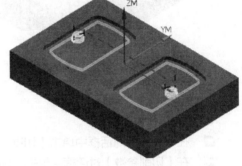

图 1-38　精加工刀轨路径

　　📲 在【类型】下拉列表中选择【mill_planar】选项；在【子类型】选项卡中单击图标■按钮；在【程序】下拉列表中选择【CORE】选项为程序名。

　　📲 在【刀具】下拉列表中选择【D16】；在【几何体】下拉列表中选择【WORKPIECE】选项；在【方法】下拉列表中选择【MILL_F】选项；在【名称】文本框中输入 FA1，单击 确定 进入【面铣】对话框，如图 1-39 所示。

　　步骤16　在【面铣】对话框中设置如下参数。

　　（1）在【面铣】对话框单击【指定面边界】图标■按钮，系统弹出【指定面几何体】对话框，如图 1-40 所示。

图 1-39　【面铣】对话框

图 1-40　【指定面几何体】对话框

➡ 在【指定面几何体】单击图标 ▧ 按钮，接着在作图区选择图 1-41 所示的面为指定几何体，其余参数按系统默认，单击 确定 完成指定面边界操作，并返回【面铣】操作对话框。

（2）刀轨设置

➡ 在【切削模式】下拉选项选择【往复】选项。

➡ 在【步进】下拉选项选择【恒定】选项。

➡ 在【最大距离】文本框中输入 12mm。

➡ 在【毛坯距离】文本框中输入 3，结果如图 1-42 所示。

图 1-41 指定面几何体结果

图 1-42 刀轨设置结果

（3）切削参数设置

➡ 在【面铣】对话框中单击【切削参数】图标 ➡ 按钮，系统弹出【切削参数】对话框。

➡ 在【切削参数】对话框中单击 策略 按钮，系统显示相关选项；接着在【切削角】下拉选项选择【指定】选项；在【Angle from XC】文本框中输入 0；然后单击【精加工刀路】选项，接着勾选 ☑ 添加精加工刀路，结果如图 1-43 所示。

➡ 在【切削参数】对话框中单击 余量 按钮，系统显示相关选项，接着在【部件余量】文本框中输入 1，其余参数按系统默认，单击 确定 完成切削参数操作，结果如图 1-44 所示。

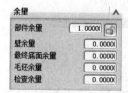

图 1-43 策略参数设置结果

图 1-44 余量参数设置结果

由于在加工侧壁时，底面已精加工到位，为了避免光底加工时刀具加工至侧壁，因此应该在部件余量处设置一定距离值。

（4）非切削移动参数设置

➡ 在【面铣】对话框中单击【非切削移动】图标 ▣ 按钮，系统弹出【非切削移动】对话框。

- 在【进刀类型】下拉选项选择【沿形状斜进刀】选项。
- 在【斜坡角】文本框中处输入 3。
- 在【高度】文本框中处输入 3mm。
- 在【最小安全距离】文本框中处输入 1，设置结果如图 1-45 所示。
- 在【非切削移动】对话框中单击 转移/快速 按钮，系统显示相关选项；接着在【安全设置选项】下拉选项中选择【自动】选项，在【安全距离】文本框中输入 30，其余参数按系统默认，单击 确定 完成转移/快速移动参数操作，结果如图 1-46 所示。

图 1-45　进刀参数设置结果　　　　图 1-46　转移/快速削参数设置结果

（5）进给率和速度参数设置

- 在【面铣】对话框中单击【进给率和速度】图标 按钮，系统弹出【进给率和速度】对话框，接着在【主转速度】文本框输入 3500，在【剪切】文本框中输入 1000，其余参数按系统默认，单击 确定 完成【进给率和速度】参数操作。

步骤17　精加工底面刀具路径生成　在面铣参数设置对话框中单击生成图标 按钮，系统会开始计算刀具路径，计算完成后，单击 确定 完成精加工刀具路径操作，结果如图 1-47 所示。

步骤18　刀具路轨验证　在操作导航器工具条中单击图标 按钮，此时操作导航器页面会显示为几何视图，接着单击 MCS图标，此时加工操作工具条激活，然后在加工操作工具条中单击图标 按钮，系统弹出【刀轨可视化】对话框。

- 在【刀轨可视化】对话框中单击 2D 动态 按钮，接着再单击播放图标 按钮，系统会在作图出现仿真操作，结果如图 1-48 所示。

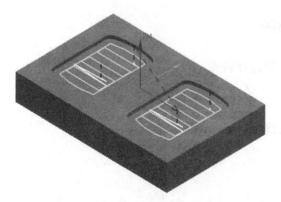 

图 1-47　精加工底面刀轨结果　　　　图 1-48　刀轨仿真结果

第**2**章

滑钞挡板数控加工案例剖析

本章主要知识点 >>

- 前模加工方法
- 前模加工注意点
- 后模加工方法
- 后模加工注意点

2.1 前模加工方案

2.1.1 工艺分析

（1）毛坯材料为 45 钢，毛坯尺寸为 250mm×230mm×30mm。

（2）产品外形较简单，未存任何内部结构，因此在不需要做遮挡面（删除）面。同时分型面和底面需要进行精加工。

（3）由于工件尺寸为立方体，需要去除的材料较多，因此首先可以采用型腔铣进行粗加工操作，并尽可能采用大刀进行加工。

（4）因在第一次粗加工时采用较大刀具，窄小的地方还有较大的余量，因此还必须选用一把较小的刀具进行二次开粗，这样才可以保证半精加工余量一致。

2.1.2 填写 CNC 加工程序单

（1）在立式加工中心上加工，使用工艺板进行装夹。

（2）加工坐标原点的设置：采用四面分中，X、Y 轴取在工件的中心；Z 轴取工件的最高顶平面。

（3）数控加工工艺及刀具选用如加工程序单所示。

模具名称： PF201 模号： Cavity201 操作员： 钟平福 编程员： 钟平福

计划时间：		描述：
实际时间：		
上机时间：		
下机时间：		
工作尺寸	单位：mm	
XC	250	
YC	230	
ZC	30	
工作数量： 1 件		四面分中

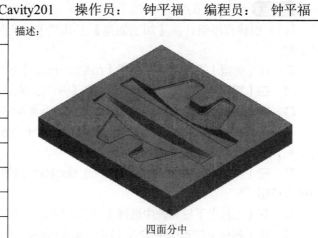

程序名称	加工类型	刀具直径/mm	加工深度/mm	加工余量/mm	主轴转速/(r/min)	切削进给/(mm/min)	备注
型腔	开粗	D16	−18	0.3	1800	1200	
型腔	开粗	D8	−18	0.3	2000	1000	
等高	半精	R4	−18	0.15	3000	1500	
固定	精光	R4	−18	0.05	3000	1350	

2.2 数控编程操作步骤

步骤 1 运行 NX8.0 软件。

步骤 2 选择主菜单的【文件】|【打开】命令或单击工具栏图标 按钮，系统将弹出【打开部件文件】对话框，在此找到放置练习文件夹 ch2 并选择 cavity.prt 文件，单击 OK 进入 UG 加工界面，如图 2-1 所示。

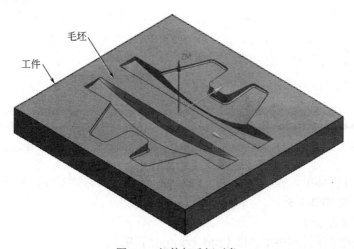

图 2-1 部件与毛坯对象

步骤3 创建父节点。

（1）创建程序组。在【加工创建】工具栏中单击图标█按钮，系统弹出【创建程序】对话框。

▭ 在【类型】下拉表中选择【mill_contour】选项。

▭ 在【程序】下拉表中选择【NC_PROGRAM】。

▭ 在【名称】处输入名称【cavity】，单击 **确定** 完成程序组操作。

（2）创建刀具组。在【加工创建】工具栏中单击图标█按钮，系统弹出【创建刀具】对话框，如图2-2所示。

▭ 在【类型】下拉表中选择【mill_contour】选项；在【刀具子类型】选项卡中单击图标█按钮。

▭ 在【刀具】下拉表中选择【GENGRIC_MACHINE】选项。

▭ 在【名称】文本框中输入 D16，单击 **应用** 进入【铣刀-5 参数】设置对话框，如图2-3所示。

▭ 在【直径】文本框中输入16。

▭ 【材料】为 CARBIDE（可点单击图标█进入设置刀具材料）。

▭ 【刀具号】文本框中输入1；【刀具补偿】文本框中输入1，其余参数按系统默认，单击 **确定** 按钮完成1号刀具创建。

▭ 依照上述操作过程，完成 D8、R4 刀具的创建。

图2-2　【创建刀具】对话框

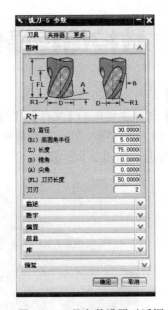

图2-3　刀具参数设置对话框

（3）创建几何体组。在【加工创建】工具栏中单击图标█按钮，系统弹出【创建几何体】对话框，如图2-4所示。

① 机床坐标系创建

▭ 在【类型】下拉表中选择【mill_contour】选项。

▭ 在【几何体子类型】选卡中单击图标█按钮。

⚡ 在【几何体】下拉列表中选择【GEOMETRY】。

⚡ 【名称】处的几何节点按系统默认的名称【MCS】，接着单击 应用 进入系统弹出【MCS】对话框，如图 2-5 所示。

⚡ 在【指定 MCS】处单击 （自动判断）然后在作图区选择毛坯顶面为 MCS 放置面，然后单击 确定 ，完成加工坐标系的创建，结果如图 2-6 所示。

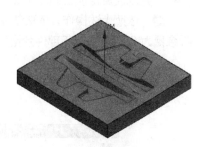

图 2-4 【创建几何体】对话框　　图 2-5 【MCS】对话框　　　图 2-6　MCS 放置面

② 工件创建

⚡ 在【类型】下拉列表中选择【mill_contour】选项。

⚡ 在【几何体子类型】选卡中单击图标 按钮。

⚡ 在【几何体】下拉列表中选择【MCS】。

⚡ 【名称】处的几何节点按系统默认的名称【WORKPIECE】，单击 确定 进入【工件】对话框，如图 2-7 所示。

⚡ 在【指定部件】处单击图标 按钮，系统弹出【部件几何体】对话框，如图 2-8 所示；接着在作图区选取型腔为部件几何体，其余参数按系统默认，单击 确定 完成部件几何体操作，同时系统返回【工件】对话框。

⚡ 在【指定毛坯】处单击图标 按钮，系统弹出【毛坯几何体】对话框，如图 2-9 所示；接着在作图区选取线框对象为毛坯几何体，其余参数按系统默认，单击 确定 完成毛坯几何体操作，同时系统返回【工件】对话框，再单击 确定 完成工件操作。

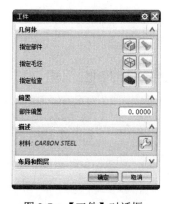

图 2-7 【工件】对话框　　　图 2-8 【部件几何体】对话框　　图 2-9 【毛坯几何体】对话框

（4）创建方法。在【加工创建】工具栏中单击图标 按钮，系统弹出【创建方法】对话框，如图 2-10 所示。

➡ 在【类型】下拉列表中选择【mill_contour】选项。

➡ 在【方法子类型】单击图标 。

➡ 在【方法】下拉列表中选择【METHOD】选项。

➡ 在【名称】文本框中输入名称 MILL_R，单击 应用 系统弹出【模具粗加工 HSM】对话框，如图 2-11 所示；接着在【部件余量】文本框中输入 0.3，其余参数按系统默认，单击 确定 完成模具粗加工 HSM 操作。

➡ 依照上述操作，依次创建 MILL_M（中加工）、MILL_F（精加工），其中中加工的部件余量为 0.15；精加工部件余量为 0。

图 2-10 【创建方法】对话框　　　　　图 2-11 【模具粗加工】对话框

步骤 4 创建操作。在【加工创建】工具栏中单击图标 按钮，系统弹出【创建工序】对话框，如图 2-12 所示。

➡ 在【类型】下拉列表中选择【mill_contour】选项。

➡ 在【工序子类型】选项卡中单击图标 按钮。

➡ 在【程序】下拉列表中选择【CAVITY】选项为程序名。

➡ 在【刀具】下拉列表中选择【D16】。

➡ 在【几何体】下拉列表中选择【WORKPIECE】选项。

➡ 在【方法】下拉列表中选择【MILL_R】选项。

➡ 在【名称】文本框中输入 CA1，单击 应用 系统弹出【型腔铣】对话框，如图 2-13 所示。

步骤 5 在【型腔铣】对话框中设置如下参数。

（1）刀轨设置

➡ 在【切削模式】下拉选项选择【跟随周边】选项。

➡ 在【步距】下拉选项选择【刀具平直百分比】选项。

➡ 在【平面直径百分比】文本中输入 70%。

图 2-12 【创建工序】对话框

图 2-13 【型腔铣】对话框

 在【每刀的公共深度】下拉选项选择【恒定】，在【最大距离】文本框中输入 0.5，结果如图 2-14 所示。

（2）切削参数设置

 在【型腔铣】对话框中单击【切削参数】图标按钮，系统弹出【切削参数】对话框，如图 2-15 所示。

 在【切削顺序】下拉选项选取【深度优先】选项。

 在【图样方向】下拉菜单选取【向内】选项。

图 2-14 刀轨设置

图 2-15 【切削参数】对话框

 在【壁】下拉选项勾选 ☑岛清理，接着在【壁清理】下拉选项选取【自动】选项，如

图 2-16 所示；然后在【切削参数】对话框单击 余量 按钮，系统显示相关余量选项，如图 2-17 所示。

☐ 在余量下拉选项中去除☑ 使用 "底部面和侧壁余量一致" 勾选选项，在【部件底部面余量】处输入 0.1；其余参数按系统默认，单击 确定 完成切削参数操作，同时系统返回【型腔铣】对话框。

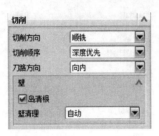

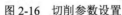

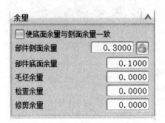

图 2-16 切削参数设置　　　　图 2-17 余量相关选项

（3）非切削移动参数设置

☐ 在【型腔铣】对话框中单击【非切削移动】图标 按钮，系统弹出【非切削运动】对话框，如图 2-18 所示。

① 进刀封密区域参数设置

☐ 在【进刀类型】下拉选项选取【螺旋】选项。

☐ 在【直径】文本框中输入 90%。

☐ 在【斜坡角】文本框中输入 15。

☐ 在【高度】文本框中输入 3。

☐ 在【最小安全距离】文本框中输入 1。

☐ 在【最小斜面长度】文本框中输入 10。

② 进刀开放区域参数设置

☐ 在【进刀类型】下拉选项选取【圆弧】选项。

☐ 在【半径】文本框中输入 5mm，结果如图 2-19 所示。

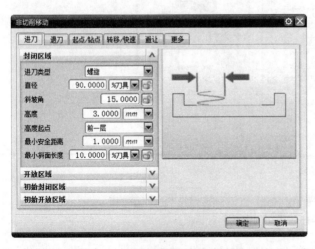

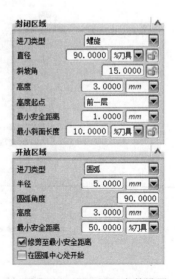

图 2-18 【非切削移动】对话框　　　　图 2-19 进刀/退刀参数设置

③ 转移/快速参数设置

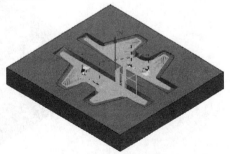 在【非切削运动】对话框中单击 转移/快速 按钮，系统显示相关的转移/快速选项。

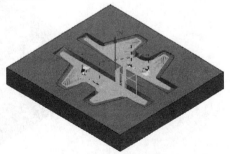 在【安全设置选项】下拉选项选取【自动平面】选项。

 在【安全距离】文本框中输入 30。

 在【转移类型】下拉选项选取【安全距离-刀轴】。

 在【转移方式】下拉选项选取【进刀/退刀】。

 在【转移类型】下拉选项选取【前一平面】。

 在【安全距离】文本框中输入 3，其余参数按系统默认，单击 确定 完成【非切削运动】参数设置，结果如图 2-20 所示，同时并返回【型腔铣】对话框。

（4）进给率与主轴转速参数设置

 在【型腔铣】对话框中单击【进给率和速度】图标 按钮，系统弹出【进给率和速度】对话框，如图 2-21 所示。

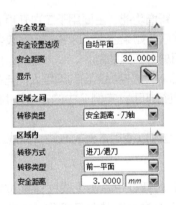

图 2-20　转移/快速参数设置

图 2-21　【进给率和速度】对话框

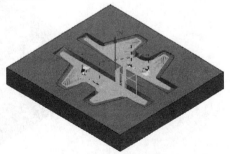 在【主转速度】文本框中输入 1800，接着在【切削】文本框中输入 1200，其余参数按系统默认，单击 确定 完成【进给率和速度】的参数设置。

步骤6 粗加工刀具路径生成　在【型腔铣】对话框中单击生成图标 按钮，系统会开始计算刀具路径，计算完成后，单击 确定 完成粗加工刀具路径操作，结果如图 2-22 所示。

步骤7 二次粗加工操作　因为都是开粗操作过程，因此只要将前面的刀具路径进行复制，接着重新选取一把新刀具即可。

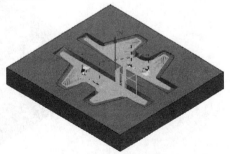 单击 MILL_R 前面的 +，读者会看到名为 CA1 的刀具路径。

图 2-22　粗加工刀具路径

　　📁　将鼠标移至 🔧 CA1刀具路径中，单击右键系统弹出快捷方式。

　　📁　在快捷方式单击【复制】，接着将鼠标移至 ⊞ 〰 MILL_R中，单击右键系统弹出快捷方式，然后单击【内部粘贴】选项，此时读者可以看到一个过时的刀具路径名 🚫🔧 CA1_COPY；最后将 🚫🔧 CA1_COPY更名为 🚫🔧 CA2。

　　📁　在 🚫🔧 CA2对象中双击左键，系统弹出【型腔铣】对话框。

　　步骤 8　在【型腔铣】对话框中设置如下参数。

　　📁　在【刀具】下拉选项选取 `D8 铣刀-5 参数▼` 选项。

　　📁　接着在【型腔铣】对话框中单击【切削参数】图标 🔄 按钮，系统弹出【切削参数】对话框。

　　📁　在【切削参数】对话框中单击 `空间范围` 按钮，系统显示相关选项，单击【毛坯】卷展栏选项；接着在【修剪由】下拉选项选择 `轮廓线▼` 选项；在【处理中的工件】下拉选项选择 `使用基于层的 ▼` 选项，其余参数按系统默认，单击 `确定` 完成【切削参数】设置，同时系统返回【型腔铣】对话框。

　　📁　在【型腔铣】对话框中单击【进给率和速度】图标 🔄 按钮，系统弹出【进给】对话框。

　　📁　在【主转速度】文本框中输入 2000。

　　在【切削】文本框中输入 1000，其余参数按系统默认，单击 `确定` 完成【进给率和速度】的操作。

　　1. 参考刀具是 UGNX2.0 新增功能，主要用于二次开粗。也就是说，当第一把刀加工完一个区域后，如果还有小区域的余量较多时，则要二次开粗，那么此时就要利用参考刀具功能。

　　2. 二次开粗也可以采用《UG NX 数控加工自动编程入门与技巧100例》书中的第 5 章实例 2 方法进行加工，实例 2 中的方法是 NX6.0 新增功能。

　　3. 除了使用上面方法外，也可以使用本例的方法，完成二次开粗加工。

　　步骤 9　二次开粗刀具路径生成　在【型腔铣】对话框中单击生成图标 ▶ 按钮，系统会开始计算刀具路径，计算完成后，单击 `确定` 完成中加工刀具路径操作，结果如图 2-23 所示。

图 2-23　二次开粗刀具路径

步骤10 半精加工创建　在【加工创建】工具条中单击图标 ⊕ 按钮，系统弹出【创建操作】对话框。

　　⇨ 在【类型】下拉列表中选择【mill_contour】选项。

　　⇨ 在【子类型】选项卡中单击图标 按钮。

　　⇨ 在【程序】下拉列表中选择【CAVITY】选项为程序名。

　　⇨ 在【刀具】下拉列表中选择【R4】。

　　⇨ 在【几何体】下拉列表中选择【WORKPIECE】选项。

　　⇨ 在【方法】下拉列表中选择【MILL_M】选项。

　　⇨ 【名称】一栏为默认的【ZL1】名称，单击 应用 ，进入【深度加工轮廓】对话框，如图 2-24 所示。

（1）指定切削区域设置

　　⇨ 在【指定切削区域】选项中单击图标 按钮，系统弹出【切削区域】对话框，如图 2-25 所示。接着在作图区选择型腔面为切削区域，其余参数按系统默认，单击 确定(O) 完成切削区域创建。

（2）刀轨设置

　　⇨ 在【陡峭空间范围】下拉选项选择【无】选项。

　　⇨ 在【合并距离】文本框中输入 3。

　　⇨ 在【最小切削深度】文本框中输入 1。

　　⇨ 在【距离】文本框中输入 0.3，结果如图 2-26 所示。

図 2-24　【深度加工轮廓】对话框

图 2-25　【切削区域】对话框

图 2-26　刀轨设置

合并距离可以使用户通过连接不连贯的切削运动从而消除刀轨中小的不连续性或不希望出现的缝隙，因此在加工开放区域时，可以将合并距离设置大些。

（3）切削参数设置

在【深度加工轮廓】对话框中单击【切削参数】图标按钮，系统弹出【切削参数】对话框。

在【切削方向】下拉选项选取 混合 选项，在【切削顺序】下拉选项选取 始终深度优先 选项，接着单击 余量 按钮，系统显余量选项。

在【余量】选项中勾选 使底面余量与侧面余量一致，接着在【部件侧面余量】处输入 0.1，其余参数按系统默认，单击 确定 完成切削参数操作，同时系统返回【深度加工轮廓】对话框。

（4）非切削移动参数设置

① 封密区域设置

在【深度加工轮廓】对话框中单击图标按钮，系统弹出【非切削移动】对话框。

在【非切削移动】对话框中单击 进刀 选项，接着在 进刀类型 下拉选项选取 螺旋 选项，然后在 直径 文本框中输入 65；在 最小安全距离 文本框中输入 1。

② 开放区域设置

在 进刀类型 下拉选项选取 圆弧 选项，接着在 半径 文本框中输入 3；然后在【非切削移动】对话框中单击 转移/快速 选项，系统显示相关 转移/快速 选项。

③ 转移/快速选项设置

在 安全设置 选项选取 自动平面 选项，在【安全距离】文本框中输入 30；在 区域之间 下拉选项中将传递类型选项设置为 安全距离 - 刀轴 。

在 区域内 下拉选项中将传递使用选项设置为 抬刀和插削 ，接着在 抬刀/插削高度 文本框中输入 5；然后在 传递类型 选项设置为 前一平面 ，最后在 安全距离 文本框中输入 5，如图 2-27 所示，其余参数按系统默认，单击 确定 完成非切削移动，并返回【深度加工轮廓】对话框。

（5）进给率/转速参数设置

在【深度加工轮廓】对话框中单击【进给率和速度】图标按钮，系统弹出【进给】对话框。

在【主转速度】文本框中输入 2500。

在【切削】文本框中输入 1200，其余参数按系统默认，单击 确定 完成【进给率和速度】的操作。

步骤11 半精加工刀轨生成 在【深度加工轮廓】对话框中单击图标按钮，系统开始计算刀轨，计算后生成的刀轨如图 2-28 所示。

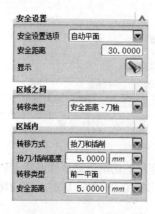

图 2-27 转移/快速选项

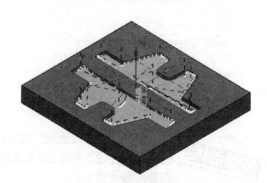

图 2-28 半精加工刀轨结果

步骤12 精加工刀轨创建　在【加工创建】工具栏中单击图标 🕹 按钮，系统弹出【创建操作】对话框。

➡ 在【类型】下拉列表中选择【mill_contour】选项。

➡ 在【操作子类型】选项卡中单击图标 ⬇ 按钮。

➡ 在【程序】下拉列表中选择【CAVITY】选项为程序名。

➡ 在【刀具】下拉列表中选择【R4】。

➡ 在【几何体】下拉列表中选择【WORKPIECE】选项。

➡ 在【方法】下拉列表中选择【MILL_F】选项。

➡ 在【名称】文本框中输入 F1，单击 应用 ，系统弹出【固定轮廓铣】对话框。

步骤13 在【固定轮廓铣】对话框中设置如下参数。

（1）切削区域设置

➡ 在【指定切削区域】选项中单击图标 🖱 按钮，系统弹出【切削区域】对话框，接着在作图区选择型腔面为切削区域，单击 确定(O) 完成切削区域操作，并返回【固定轮廓铣】对话框。

（2）驱动方法设置

➡ 在【驱动方式】下拉选项选取【区域铣削】选项，系统弹出【区域铣削驱动方法】对话框，如图 2-29 所示。

➡ 在【切削方向】下拉选项选取【顺铣】选项。

➡ 在【步距】下拉选项选取【恒定】选项；在【距离】文本框中输入 0.2。

➡ 在【步距已应用】下拉选项选取【在部件上】选项；在【切削角】下拉选项选取【指定】选项，接着在【Angle from XC】文本框中输入 45，其余参数按系统默认，单击 确定(O) 系统返回【固定轮廓铣】对话框。

（3）进给率/速度参数设置

➡ 在【固定轮廓铣】对话框中单击【进给率和速度】图标 ⬆ 按钮，系统弹出【进给】对话框。

➡ 在【主轴速度】文本框中输入 3500。

➡ 在【切削】文本框中输入 1350，其余参数按系统默认，单击 确定 完成【进给率和速度】的操作。

步骤14 精加工刀具路径生成　在【固定轮廓铣】对话框中单击生成图标 ▶ 按钮，系统会开始计算刀具路径，计算完成后，单击 确定 完成精加工刀具路径操作，结果如图 2-30 所示。

图 2-29　【区域铣削驱动方法】对话框

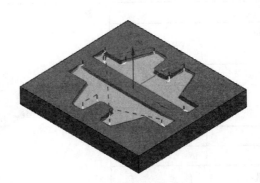

图 2-30　精加工刀轨结果

如果加工比较深的腔体而低面又比较平缓时，则可以利用"陡峭"与"非陡峭"方法进行控制加工区域。

步骤15 刀具路轨验证　在操作导航器工具条中单击图标按钮，此时操作导航器页面会显示为几何视图，接着单击 MCS 图标，此时加工操作工具条激活，然后在加工操作工具条中单击图标按钮，系统弹出【刀轨可视化】对话框。

在【刀轨可视化】对话框中单击 **2D 动态** 按钮，接着再单击播放图标按钮，系统会在作图出现仿真操作，结果如图 2-31 所示。

图 2-31　刀轨加工仿真结果

2.3　后模加工方案

2.3.1　工艺分析

（1）毛坯材料为国产 45 钢，毛坯尺寸为 250mm×230mm×36mm。

（2）产品形状过渡比较光顺，分型面和表面需要进行精加工。

（3）由于工件尺寸为立方体，需要去除的材料较多，因此首先可以采用型腔铣进行粗加工操作，并尽可能地采用大刀进行加工，因此开粗可以选用 D16R0.4 飞刀进行开粗。

2.3.2　填写 CNC 加工程序单

（1）在立铣加工中心上加工，使用平口板进行装夹。

（2）加工坐标原点的设置：采用四面分中，X、Y 轴取在工件的中心；Z 轴取工件的最高顶平面。

（3）数控加工工艺及刀具选用如加工程序单所示。

模具名称：　PF202 模号：　　Core202　　操作员：　钟平福　　编程员：　钟平福

计划时间：		描述：
实际时间：		
上机时间：		
下机时间：		
工作尺寸	单位：mm	
XC	250	
YC	230	
ZC	36	
工作数量：　　1　　件		四面分中

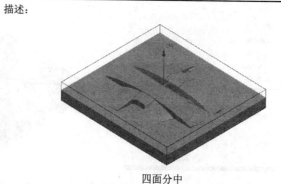

程序名称	加工类型	刀具直径/mm	加工深度/mm	加工余量/mm	主轴转速/(r/min)	切削进给/(mm/min)	备注
型腔	开粗	D16R0.4	−16	0.3	2000	1800	
等高	半精	D16R0.4	−16	0.15	2800	1500	
面铣	精修	D12	−16	0	3500	1200	
等高	精修	D12	−16	0	3500	1200	
固定	精修	R4	−16	0	3500	1200	

2.4　数控编程操作步骤

步骤1　运行 NX8.0 软件。

步骤2　选择主菜单的【文件】|【打开】命令或单击工具栏图标 按钮，系统将弹出【打开部件文件】对话框，在此找到放置练习文件夹 ch2 并选择 core .prt 文件，单击 OK 进入 UG 加工界面，如图 2-32 所示。

步骤3　创建父节点。

（1）创建程序组。在【加工创建】工具栏中单击图标 按钮，系统弹出【创建程序】对话框，在【名称】文本框中输入 CORE，其余参数按系统默认，单击 确定 完成程序组的创建。

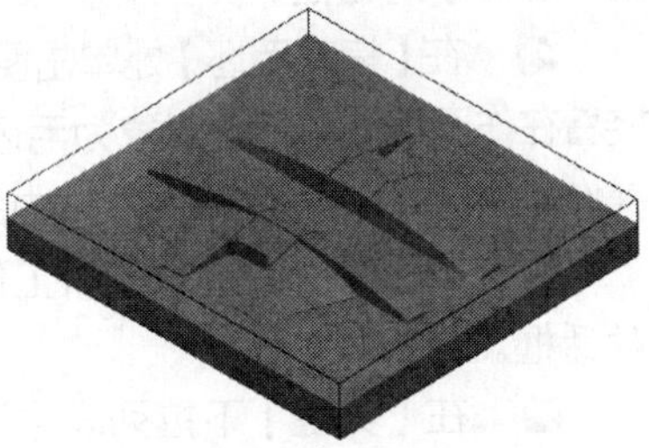

（2）创建刀具组。在【加工创建】工具栏中单击图标 按钮，系统弹出【创建刀具】对话框。

图 2-32　部件与毛坯对象

　　🔲　在【类型】下拉列表中选择【mill_contour】选项。

　　🔲　在【刀具子类型】选项卡中单击图标 按钮。

　　🔲　在【刀具】下拉列表中选择【GENGRIC_MACHINE】选项。

　　🔲　在【名称】文本框中输入 D16R0.4，单击 应用 进入【铣刀-5 参数】设置对话框。

　　🔲　在【直径】文本框中输入 16；在【底圆角半径】文本框中处输入 0.4。

　　🔲　【材料】为 CARBIDE（可点单击图标 进入设置刀具材料）；在【刀具号】文本框中输入 1；在【刀具补偿】文本框中输入 1。其余参数按系统默认，单击 确定 完成 1 号刀具的创建。

　　🔲　依照上述操作过程，完成 D12、R4 刀具的创建。

（3）创建几何体组。在【加工创建】工具栏中单击图标 按钮，系统弹出【创建几何体】对话框。

① 机床坐标系创建

　　🔲　在【类型】下拉列表中选择【mill_contour】选项。

　　🔲　在【几何体子类型】选卡中单击图标 按钮。

　　🔲　在【几何体】下拉列表中选择【GEOMETRY】。

　　🔲　【名称】处的几何节点按系统内定的名称【MCS】，接着单击 应用 进入系统弹出【MCS】对话框。

　　　　在【指定 MCS】处单击 （自动判断）然后在作图区选择毛坯顶面为 MCS 放置面，然后单击 确定 ，完成加工坐标系的创建，结果如图 2-33 所示。

　　② 工件创建

　　　　在【类型】下拉列表中选择【mill_contour】选项。

　　　　在【几何体子类型】选卡中单击图标 按钮。

　　　　在【几何体】下拉列表中选择【MCS】。

　　　　【名称】处的几何节点按系统默认的名称【WORKPIECE】，单击 确定 进入【工件】对话框。

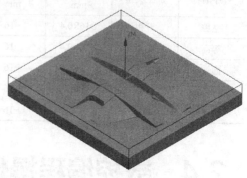

图 2-33　MCS 放置面

　　　　在【指定部件】处单击图标 按钮，系统弹出【部件几何体】对话框；接着在作图区选取型腔为部件几何体，其余参数按系统默认，单击 确定 完成部件几何体操作，同时系统返回【工件】对话框。

　　　　在【指定毛坯】处单击图标 按钮，系统弹出【毛坯几何体】对话框，如图 2-9 所示；接着在作图区选取线框对象为毛坯几何体，其余参数按系统默认，单击 确定 完成毛坯几何体操作，同时系统返回【工件】对话框，再单击 确定 完成工件操作。

　　（4）创建方法。在【加工创建】工具栏中单击图标 按钮，系统弹出【创建方法】对话框。

　　　　在【类型】下拉列表中选择【mill_contour】选项。在【方法子类型】单击图标 按钮。

　　　　在【方法】下拉列表中选择【METHOD】选项。在【名称】文本框中输入名称 MILL_R，单击 应用 系统弹出【模具粗加工 HSM】对话框；接着在【部件余量】文本框中输入 0.3，其余参数按系统默认，单击 确定 完成模具粗加工 HSM 操作。

　　　　依照上述操作，依次创建 MILL_M（中加工）、MILL_F（精加工），其中半精加工的部件余量为 0.15；精加工部件余量为 0。

　　步骤4 创建操作　在【加工创建】工具栏中单击图标 按钮，系统弹出【创建工序】对话框。

　　　　在【类型】下拉列表中选择【mill_contour】选项。

　　　　在【工序子类型】选项卡中单击图标 按钮。

　　　　在【程序】下拉列表中选择【CAVITY】选项为程序名。

　　　　在【刀具】下拉列表中选择【D16R0.4】。

　　　　在【几何体】下拉列表中选择【WORKPIECE】选项。

　　　　在【方法】下拉列表中选择【MILL_R】选项。

　　　　在【名称】文本框中输入 CA1，单击 应用 系统弹出【型腔铣】对话框。

　　步骤5 在【型腔铣】对话框中设置如下参数。

（1）刀轨设置

　　　　在【切削模式】下拉选项选择【跟随周边】选项。

　　　　在【步距】下拉选项选择【刀具平直百分比】选项。

➡️　在【平面直径平面直径百分比】文本中输入 70%。

➡️　在【每刀的公共深度】下拉选项选择【恒定】，在【最大距离】文本框中输入 0.5，结果如图 2-34 所示。

切削模式	🔄 跟随周边
步距	刀具平直百分比
平面直径平直百分比	70.0000
每刀的公共深度	恒定
最大距离	0.5000　mm

图 2-34　刀轨设置

（2）切削参数设置

➡️　在【型腔铣】对话框中单击【切削参数】图标🔲按钮，系统弹出【切削参数】对话框，如图 2-35 所示。

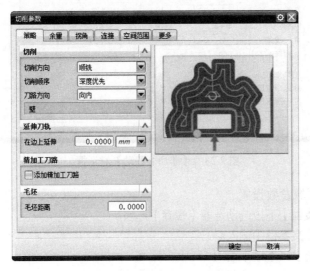

图 2-35　【切削参数】对话框

➡️　在【切削顺序】下拉选项选取【深度优先】选项。

➡️　在【图样方向】下拉菜单选取【向内】选项。

➡️　在壁 🔽 下拉选项勾选 ✅岛清理，接着在【壁清理】下拉选项选取【自动】选项，如图 2-36 所示；然后在【切削参数】对话框单击　余量　按钮，系统显示相关余量选项，如图 2-37 所示。

图 2-36　切削参数设置

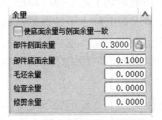

图 2-37　余量相关选项

➡️　在余量下拉选项中去除 ✅ 使用"底部面和侧壁余量一致"勾选选项，在【部件底部面余量】处输入 0.1；其余参数按系统默认，单击　确定　完成切削参数操作，同时系统返回【型腔铣】对话框。

（3）非切削移动参数设置

　　 在【型腔铣】对话框中单击【非切削移动】图标 按钮，系统弹出【非切削运动】对话框，如图 2-38 所示。

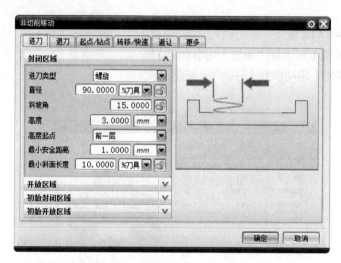

图 2-38　【非切削移动】对话框

① 进刀封密区域参数设置

　　 在【进刀类型】下拉选项选取【螺旋】选项。

　　 在【直径】文本框中输入 90%。

　　 在【斜坡角】文本框中输入 15。

　　 在【高度】文本框中输入 3。

　　 在【最小安全距离】文本框中输入 1。

　　 在【最小斜面长度】文本框中输入 70。

② 进刀开放区域参数设置

　　 在【进刀类型】下拉选项选取【圆弧】选项。

　　 在【半径】文本框中输入 5mm，结果如图 2-39 所示。

③ 转移/快速参数设置

　　 在【非切削运动】对话框中单击 转移/快速 按钮，系统显示相关的转移/快速选项。

　　 在【安全设置选项】下拉选项选取【自动平面】选项。

　　 在【安全距离】文本框中输入 30。

　　 在【转移类型】下拉选项选取【安全距离-刀轴】。

　　 在【转移方式】下拉选项选取【进刀/退刀】。

　　 在【转移类型】下拉选项选取【前一平面】。

　　 在【安全距离】文本框中输入 3，其余参数按系统默认，单击 确定 完成【非切削运动】参数设置，结果如图 2-40 所示，同时并返回【型腔铣】对话框。

（4）进给率与主轴转速参数设置

　　 在【型腔铣】对话框中单击【进给率和速度】图标 按钮，系统弹出【进给率和速度】对话框，如图 2-41 所示。

图 2-39　进刀/退刀参数设置

图 2-40　转移/快速参数设置

在【主转速度】文本框中输入 2000，接着在【切削】文本框中输入 1800，其余参数
按系统默认，单击 确定 完成【进给率和速度】的参数设置。

步骤 6　粗加工刀具路径生成　在【型腔铣】对话框中单击生成图标 按钮，系统会
开始计算刀具路径，计算完成后，单击 确定 完成粗加工刀具路径操作，结果如图 2-42 所示。

图 2-41　【进给率和速度】对话框

图 2-42　粗加工刀具路径

步骤 7　半精加工创建

（1）加工创建　在【加工创建】工具条中单击图标 按钮，系统弹出【创建操作】
对话框。

在【类型】下拉列表中选择【 mill_contour 】选项。

在【子类型】选项卡中单击图标 按钮。

- 在【程序】下拉列表中选择【CAVITY】选项为程序名。
- 在【刀具】下拉列表中选择【D16R0.4】。
- 在【几何体】下拉列表中选择【WORKPIECE】选项。
- 在【方法】下拉列表中选择【MILL_M】选项。
- 在【名称】一栏为指定为【ZL1】名称，单击 应用，进入【深度加工轮廓】对话框。

（2）深度加工轮廓切削区域设置

- 在【指定切削区域】选项中单击图标 按钮，系统弹出【切削区域】对话框，接着在作图区选择型腔芯为切削区域，其余参数按系统默认，单击 确定(O) 完成切削区域创建。

陡峭空间范围	无 ▼
合并距离	10.0000 mm ▼
最小切削长度	1.0000 mm ▼
每刀的公共深度	恒定 ▼
最大距离	0.2000 mm ▼

图2-43 刀轨设置

（3）深度加工轮廓刀轨设置

- 在【陡峭空间范围】下拉选项选择【无】选项。
- 在【合并距离】文本框中输入3。
- 在【最小切削深度】文本框中输入1。
- 在【距离】文本框中输入0.3，结果如图2-43所示。

合并距离可以使用户通过连接不连贯的切削运动从而消除刀轨中小的不连续性或不希望出现的缝隙，因此在加工开放区域时，可以将合并距离设置大些。

（4）深度加工轮廓切削参数设置

- 在【深度加工轮廓】对话框中单击【切削参数】图标 按钮，系统弹出【切削参数】对话框。
- 在【切削方向】下拉选项选取 混合 ▼ 选项，在【切削顺序】下拉选项选取 始终深度优先 ▼ 选项，接着单击 余量 按钮，系统显余量选项。
- 在【余量】选项中勾选 ☑ 使底面余量与侧面余量一致，接着在【部件侧面余量】处输入0.1，其余参数按系统默认，单击 确定 完成切削参数操作，同时系统返回【深度加工轮廓】对话框。

（5）深度加工轮廓非切削移动参数设置

① 封密区域设置

- 在【深度加工轮廓】对话框中单击图标 按钮，系统弹出【非切削移动】对话框。
- 在【非切削移动】对话框中单击 进刀 选项，接着在进刀类型下拉选项选取 螺旋 ▼ 选项，然后在直径文本框中输入65；在最小安全距离文本框中输入1。

② 开放区域设置

- 在进刀类型下拉选项选取 圆弧 ▼ 选项，接着在半径文本框中输入3；然后在【非切削移动】对话框中单击 转移/快速 选项，系统显示相关 转移/快速 选项。

③ 转移/快速选项设置

- 在安全设置选项选取 自动平面 ▼ 选项，在【安全距离】文本框中输入30；在 区域之间 ▼ 下拉选项中将传递类型选项设置为 安全距离 - 刀轴 ▼ 。
- 在 区域内 ▲ 下拉选项中将传递使用选项设置为 抬刀和插削 ▼ ，接着在抬刀/插削高度文本框中输入5；然后在 传递类型 选项设置为 前一平面 ▼ ，最后在安全距离文本框中输入5，如图2-44

所示，其余参数按系统默认，单击【确定】完成非切削移动，并返回【深度加工轮廓】对话框。

（6）进给率/转速参数设置

➦　在【深度加工轮廓】对话框中单击【进给率和速度】图标➕按钮，系统弹出【进给】对话框。

➦　在【主转速度】文本框中输入 2200。

➦　在【切削】文本框中输入 1500，其余参数按系统默认，单击【确定】完成【进给率和速度】的操作，如图 2-45 所示。

图 2-44　转移/快速选项

图 2-45　进给率/转速参数设置

步骤8　半精加工刀轨生成　在【深度加工轮廓】对话框中单击图标⬚按钮，系统开始计算刀轨，计算后生成的刀轨如图 2-46 所示。

步骤9　分型面精修加工刀轨创建　在【加工创建】工具栏中单击图标⬚按钮，系统弹出【创建操作】对话框。

➦　在【类型】下拉列表中选择【mill_planar】选项；在【子类型】选项卡中单击图标⬚按钮；在【程序】下拉列表中选择【CORE】选项为程序名。

图 2-46　半精加工刀轨结果

➦　在【刀具】下拉列表中选择【D12】；在【几何体】下拉列表中选择【WORKPIECE】选项；在【方法】下拉列表中选择【MILL_F】选项；在【名称】文本框中输入 FA1，单击进入【面铣】对话框。

步骤10　在【面铣】对话框中设置如下参数。

（1）在【面铣】对话框单击【指定面边界】图标⬚按钮，系统弹出【指定面几何体】对话框。

➦　在【指定面几何体】单击图标⬚按钮，接着在作图区选择如图 2-47 所示的面为指定几何体，其余参数按系统默认，单击【确定】完成指定面边界操作，并返回【面铣】操作对话框。

（2）刀轨设置

➦　在【切削参数】下拉选项选择【往复】选项。

- 在【步进】下拉选项选择【恒定】选项。
- 在【距离】文本框中输入 10mm。
- 在【毛坯距离】文本框中输入 3，结果如图 2-48 所示。

图 2-47　指定面几何边界选择结果　　　　图 2-48　刀轨设置结果

（3）切削参数设置

- 在【面铣】对话框中单击【切削参数】图标按钮，系统弹出【切削参数】对话框。
- 在【切削参数】对话框中单击 策略 按钮，系统显示相关选项；接着在【切削角】下拉选项选择【指定】选项；在【Angle from XC】文本框中输入 90；然后单击【壁】选项，接着在【壁清理】下拉选项选择 在终点 选项；最后单击【精加工刀路】选项，接着勾选 ✅ 添加精加工刀路，其余参数按系统默认，单击 确定 完成切削参数操作，结果如图 2-49 所示。

（4）非切削移动参数设置

- 在【面铣】对话框中单击【非切削移动】图标按钮，系统弹出【非切削移动】对话框。
- 在【进刀类型】下拉选项选择【插铣】选项。
- 在【高度】文本框中处输入 3mm。
- 在【非切削移动】对话框中单击 传递/快速 按钮，系统显示相关选项；接着在【安全设置选项】下拉选项中选择【自动】选项，在【安全距离】文本框中输入 30，其余参数按系统默认，单击 确定 完成非切削移动参数操作，结果如图 2-50 所示。

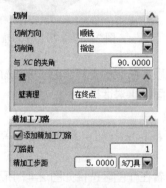

图 2-49　切削参数设置结果　　　　图 2-50　非切削参数设置结果

（5）进给率和速度参数设置

- 在【面铣】对话框中单击【进给率和速度】图标按钮，系统弹出【进给】对话框，接着在【主转速度】文本框输入 3500，在【剪切】文本框中输入 1000，其余参数按系统默认，单击 确定 完成进给和速度参数操作。

步骤11　精加工分型面刀具路径生成　在面铣参数设置对话框中单击生成图标 按钮，系统会开始计算刀具路径，计算完成后，单击 确定 完成精加工刀具路径操作，结果如图 2-51 所示。

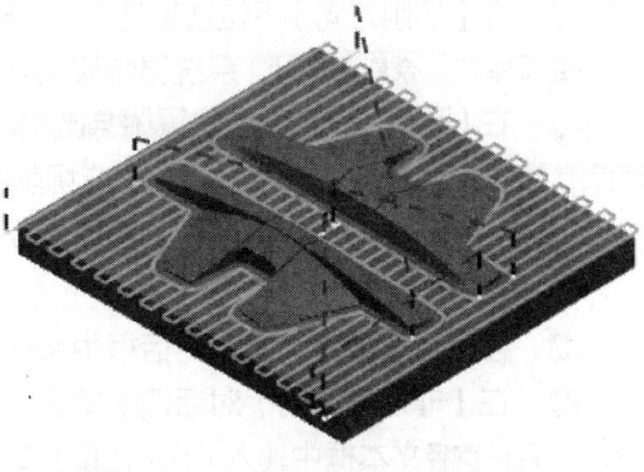

步骤12　精加工刀轨创建。

（1）加工创建　在【加工创建】工具条中单击图标 按钮，系统弹出【创建操作】对话框。

　在【类型】下拉列表中选择【mill_contour】选项。

　在【子类型】选项卡中单击图标 按钮。

图 2-51　分型面精修刀轨结果

　在【程序】下拉列表中选择【CAVITY】选项为程序名。

　在【刀具】下拉列表中选择【D12】。

　在【几何体】下拉列表中选择【WORKPIECE】选项。

　在【方法】下拉列表中选择【MILL_F】选项。

　在【名称】一栏为指定为【ZL2】名称，单击 应用 ，进入【深度加工拐角】对话框，如图 2-52 所示。

（2）深度加工拐角切削区域设置

　在【指定切削区域】选项中单击图标 按钮，系统弹出【切削区域】对话框，接着在作图区选择型芯面为切削区域，其余参数按系统默认，单击 确定 (0) 完成切削区域创建。

（3）深度加工轮廓刀轨设置

　在【陡峭空间范围】下拉选项选择【仅陡峭的】选项。

　在【角度】文本框中输入 45。

　在【合并距离】文本框中输入 3。

　在【最小切削深度】文本框中输入 1。

　在【距离】文本框中输入 0.1，结果如图 2-53 所示。

图 2-52　【深度加工拐角】对话框

图 2-53　刀轨设置

（4）深度加工拐角轮廓切削参数设置

▣ 在【深度加工拐角】对话框中单击【切削参数】图标 按钮，系统弹出【切削参数】对话框。

▣ 在【切削方向】下拉选项选取 混合 选项，在【切削顺序】下拉选项选取 始终深度优先 选项，接着单击 余量 按钮，系统显余量选项。

▣ 在【余量】选项中勾选 使底面余量与侧面余量一致，接着在【部件侧面余量】处输入 0，其余参数按系统默认，单击 确定 完成切削参数操作，同时系统返回【深度加工拐角】对话框。

（5）深度加工拐角非切削移动参数设置

① 封密区域设置

▣ 在【深度加工轮廓】对话框中单击图标 按钮，系统弹出【非切削移动】对话框。

▣ 在【非切削移动】对话框中单击 进刀 选项，接着在进刀类型下拉选项选取 螺旋 选项，然后在直径文本框中输入 65；在最小安全距离文本框中输入 1。

② 开放区域设置

▣ 在进刀类型下拉选项选取 圆弧 选项，接着在半径文本框中输入 3；然后在【非切削移动】对话框中单击 转移/快速 选项，系统显示相关 转移 快速 选项。

③ 转移/快速选项设置

▣ 在安全设置选项选取 自动平面 选项，在【安全距离】文本框中输入 30；在 区域之间 下拉选项中将传递类型选项设置为 安全距离 - 刀轴 。

▣ 在 区域内 下拉选项中将传递使用选项设置为 抬刀和插削 ，接着在抬刀/插削高度文本框中输入 5；然后在传递类型选项设置为 前一平面 ，最后在安全距离文本框中输入 5，如图 2-54 所示，其余参数按系统默认，单击 确定 完成非切削移动，并返回【深度加工轮廓】对话框。

（6）进给率/转速参数设置

▣ 在【深度加工轮廓】对话框中单击【进给率和速度】图标 按钮，系统弹出【进给】对话框。

▣ 在【主转速度】文本框中输入 3500。

▣ 在【切削】文本框中输入 1200，其余参数按系统默认，单击 确定 完成【进给率和速度】的操作，如图 2-55 所示。

图 2-54 转移/快速选项

图 2-55 进给率/转速参数设置

步骤13 精加工刀轨生成　在【深度加工拐角】对话框中单击图标 按钮，系统开始计算刀轨，计算后生成的刀轨如图 2-56 所示。

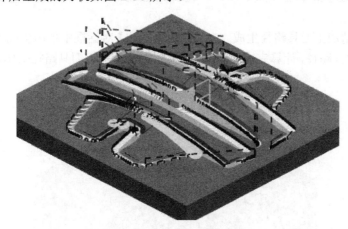

图 2-56　精加工刀轨结果

步骤14 精加工刀轨创建　在【加工创建】工具栏中单击图标 按钮，系统弹出【创建操作】对话框。

- 在【类型】下拉列表中选择【mill_contour】选项。
- 在【操作子类型】选项卡中单击图标 按钮。
- 在【程序】下拉列表中选择【CAVITY】选项为程序名。
- 在【刀具】下拉列表中选择【R4】。
- 在【几何体】下拉列表中选择【WORKPIECE】选项。
- 在【方法】下拉列表中选择【MILL_F】选项。
- 在【名称】文本框中输入 F1，单击 应用 系统弹出【固定轮廓铣】对话框。

步骤15 在【固定轮廓铣】对话框中设置如下参数。

（1）切削区域设置

- 在【指定切削区域】选项中单击图标 按钮，系统弹出【切削区域】对话框，接着在作图区选择型腔芯为切削区域，单击 确定(O) 完成切削区域操作，并返回【固定轮廓铣】对话框。

（2）驱动方法设置

- 在【驱动方式】下拉选项选取【区域铣削】选项，系统弹出【区域铣削驱动方法】对话框。
- 在【方向】下拉选项选取 非陡峭 选项。
- 在【陡角】文本框中输入 80。
- 在【切削方向】下拉选项选取【顺铣】选项。
- 在【步距】下拉选项选取【恒定】选项；在【距离】文本框中输入 0.15。
- 在【步距已应用】下拉选项选取【在平面上】选项；在【切削角】下拉选项选取【指定】选项，接着在【Angle from XC】文本框中输入 45，其余参数按系统默认，单击 确定(O) 系统返回【固定轮廓铣】对话框。

（3）进给率/速度参数设置

- 在【固定轮廓铣】对话框中单击【进给率和速度】图标 按钮，系统弹出【进给】对话框。

📌 在【主轴速度】文本框中输入 3500。

📌 在【切削】文本框中输入 1350，其余参数按系统默认，单击 确定 完成【进给率和速度】的操作。

步骤16 精加工刀具路径生成 在【固定轮廓铣】对话框中单击生成图标 按钮，系统会开始计算刀具路径，计算完成后，单击 确定 完成精加工刀具路径操作，结果如图 2-57 所示。

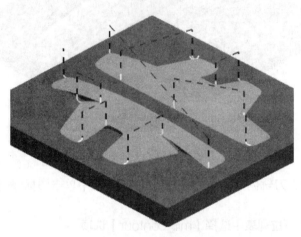

图 2-57 精加工刀轨结果

如果加工比较深的腔体而底面又比较平缓时，则可以利用"陡峭"与"非陡峭"方法进行控制加工区域。

步骤17 刀具路轨验证 在操作导航器工具条中单击图标 按钮，此时操作导航器页面会显示为几何视图，接着单击 MCS图标，此时加工操作工具条激活，然后在加工操作工具条中单击图标 按钮，系统弹出【刀轨可视化】对话框。

📌 在【刀轨可视化】对话框中单击 2D 动态 按钮，接着再单击播放图标 按钮，系统会在作图出现仿真操作，结果如图 2-58 所示。

图 2-58 刀轨加工仿真结果

第3章

电热扇底座数控加工案例剖析

本章主要知识点 »

- 前模加工方法
- 线切割镶件处理
- 前模加工注意点
- 后模加工方法
- 后模加工注意点

3.1 前模加工方案

3.1.1 工艺分析

（1）毛坯材料为 45 钢，毛坯尺寸为 290mm×290mm×70mm。

（2）由于工件尺寸为立方体，需要去除的材料较多，因此首先可以采用型腔铣进行粗加工操作，并尽可能采用大刀进行加工。

3.1.2 填写 CNC 加工程序单

（1）在立式加工中心上加工，使用工艺板进行装夹。

（2）加工坐标原点的设置：采用四面分中，X、Y 轴取在工件的中心；Z 轴取工件的最高顶平面。

（3）数控加工工艺及刀具选用如加工程序单所示。

模具名称：　YUHENG301　模号：　YH301　操作员：　钟平福　编程员：　钟平福

计划时间：		描述：
实际时间：		
上机时间：		
下机时间：		
工作尺寸	单位：mm	
XC	290	
YC	290	
ZC	70	
工作数量：	1　件	

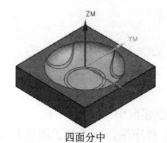

四面分中

续表

程序名称	加工类型	刀具直径/mm	加工深度/mm	加工余量/mm	主轴转速/(r/min)	切削进给/(mm/min)	备注
型腔	开粗	D32R6	−47	0.5	2000	2000	
等高	半精	R6	−47	0.2	3000	1500	
等高	精光	R6	−47	0	3000	1000	
固定	精光	R6	−47	0	3000	1000	

3.2 数控编程操作步骤

步骤 1 运行 NX8.0 软件。

步骤 2 选择主菜单的【文件】|【打开】命令或单击工具栏图标 按钮，系统将弹出【打开部件文件】对话框，在此找到放置练习文件夹 ch3 并选择 cavity.prt 文件，单击 OK 进入 UG 加工界面，如图 3-1 所示。

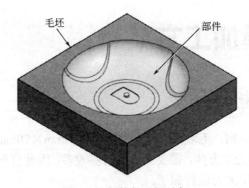

图 3-1 部件与毛坯对象

步骤 3 进行修补线切割对象。选择主菜单的【插入】|【同步建模】|【删除】或在【同步建模】工具条在单击图标 按钮，系统弹出【删除面】对话框。

在作图区选取如图 3-2 所示的面为删除的面，其余参数按系统默认，单击 应用 完成删除面创建，结果如图 3-3 所示。

图 3-2 删除面选择结果

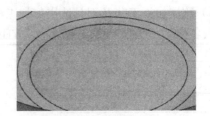

图 3-3 线切割修补结果

步骤 4 创建父节点。

（1）创建程序组。在【加工创建】工具栏中单击图标 按钮，系统弹出【创建程序】

对话框。

    ▣ 在【类型】下拉列表中选择【mill_contour】选项。

    ▣ 在【程序】下拉列表中选择【NC_PROGRAM】。

    ▣ 在【名称】处输入名称【cavity】，单击 确定 完成程序组操作。

    （2）创建刀具组。在【加工创建】工具栏中单击图标 按钮，系统弹出【创建刀具】对话框。

    ▣ 在【类型】下拉列表中选择【mill_contour】选项；在【刀具子类型】选项卡中单击图标 按钮。

    ▣ 在【刀具】下拉列表中选择【GENGRIC_MACHINE】选项。

    ▣ 在【名称】文本框中输入 D32R6，单击 应用 进入【铣刀-5 参数】设置对话框。

    ▣ 在【直径】文本框中输入 32。

    ▣ 在【底圆角半径】文本框中输入 6。

    ▣ 【材料】为 CARBIDE（可点单击图标 进入设置刀具材料）。

    ▣ 【刀具号】文本框中输入 1；【刀具补偿】文本框中输入 1，其余参数按系统默认，单击 确定 按钮完成 1 号刀具创建。

    ▣ 依照上述操作过程，完成 R6 刀具的创建。

    （3）创建几何体组。在【加工创建】工具栏中单击图标 按钮，系统弹出【创建几何体】对话框。

    ① 机床坐标系创建

    ▣ 在【类型】下拉列表中选择【mill_contour】选项。

    ▣ 在【几何体子类型】选卡中单击图标 按钮。

    ▣ 在【几何体】下拉列表中选择【GEOMETRY】。

    ▣ 【名称】处的几何节点按系统内定的名称【MCS】，接着单击 应用 进入系统弹出【MCS】对话框。

    ▣ 在【指定 MCS】处单击 （自动判断）然后在作图区选择毛坯顶面为 MCS 放置面，然后单击 确定 ，完成加工坐标系的创建，结果如图 3-4 所示。

    ② 工件创建

    ▣ 在【类型】下拉列表中选择【mill_contour】选项。

    ▣ 在【几何体子类型】选卡中单击图标 按钮。

    ▣ 在【几何体】下拉列表中选择【MCS】。

    ▣ 【名称】处的几何节点按系统内定的名称【WORKPIECE】，单击 确定 进入【工件】对话框。

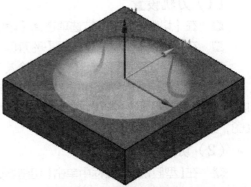

图 3-4　MCS 放置面

    ▣ 在【指定部件】处单击图标 按钮，系统弹出【部件几何体】对话框，接着在作图区选取型腔为部件几何体，其余参数按系统默认，单击 确定 完成部件几何体操作，同时系统返回【工件】对话框。

    ▣ 在【指定毛坯】处单击图标 按钮，系统弹出【毛坯几何体】对话框，接着在作图区选取线框对象为毛坯几何体，其余参数按系统默认，单击 确定 完成毛坯几何体操作，同时系统返回【工件】对话框，再单击 确定 完成工件操作。

（4）创建方法。在【加工创建】工具栏中单击图标 按钮，系统弹出【创建方法】对话框。

:arrow_right: 在【类型】下拉列表中选择【mill_contour】选项。

:arrow_right: 在【方法子类型】单击图标 按钮。

:arrow_right: 在【方法】下拉列表中选择【METHOD】选项。

:arrow_right: 在【名称】文本框中输入名称 MILL_R，单击 应用 系统弹出【模具粗加工 HSM】对话框，如图 3-5 所示；接着在【部件余量】文本框中输入 0.5，其余参数按系统默认，单击 确定 完成模具粗加工 HSM 操作。

:arrow_right: 依照上述操作，依次创建 MILL_M（中加工）、MILL_F（精加工），其中半精加工的部件余量为 0.2；精加工部件余量为 0。

步骤5 创建工序。在【加工创建】工具栏中单击图标 按钮，系统弹出【创建工序】对话框。

:arrow_right: 在【类型】下拉列表中选择【mill_contour】选项。

:arrow_right: 在【操作子类型】选项卡中单击图标 按钮。

:arrow_right: 在【程序】下拉列表中选择【CAVITY】选项为程序名。

图 3-5　【模具粗加工 HSM】对话框

:arrow_right: 在【刀具】下拉列表中选择【D32R6】。

:arrow_right: 在【几何体】下拉列表中选择【WORKPIECE】选项。

:arrow_right: 在【方法】下拉列表中选择【MILL_R】选项。

:arrow_right: 在【名称】文本框中输入 CA1，单击 应用 系统弹出【型腔铣】对话框。

步骤6 在【型腔铣】对话框中设置如下参数。

（1）刀轨设置

:arrow_right: 在【切削模式】下拉选项选择【跟随周边】选项。

:arrow_right: 在【步距】下拉选项选择【%刀具平直】选项。

:arrow_right: 在【平面直径百分比】文本中输入 70%。

:arrow_right: 在【Common Depth per Cut（全局切削深度）】下拉选项选择【恒定】，在【距离】文本框中输入 0.8，结果如图 3-6 所示。

（2）切削参数设置

:arrow_right: 在【型腔铣】对话框中单击【切削参数】图标 按钮，系统弹出【切削参数】对话框。

图 3-6　刀轨设置

:arrow_right: 在【切削顺序】下拉选项选取【深度优先】选项。

:arrow_right: 在【图样方向】下拉菜单选取【向内】选项。

:arrow_right: 在壁 下拉选项勾选 岛清理，接着在【壁清理】下拉选项选取【自动】选项，如图 3-7

所示；然后在【切削参数】对话框单击　余量　按钮，系统显示相关余量选项，如图 3-8 所示。

　　　在余量下拉选项中去除☑使用 "底部面和侧壁余量一致" 勾选选项，在【部件底部面余量】处输入 0.15；其余参数按系统默认，单击　确定　完成切削参数操作，同时系统返回【型腔铣】对话框。

图 3-7　切削参数设置

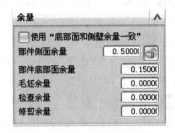

图 3-8　余量相关选项

（3）非切削移动参数设置

　　　在【型腔铣】对话框中单击【非切削移动】图标按钮，系统弹出【非切削运动】对话框。

　　　在【进刀类型】下拉选项选取【螺旋线】选项。

　　　在【倾斜角度】文本框中输入 6mm。

　　　在【高度】文本框中输入 0.2。

　　　在【最小安全距离】文本框中输入 1。

　　　在【类型】下拉选项选取【圆弧】选项。

　　　在【半径】文本框中输入 5mm，结果如图 3-9 所示；接着单击　传递/快速　按钮，系统显示相关的快速/传递选项。

　　　在【安全设置选项】下拉选项选取【自动平面】选项；在【安全距离】文本框中输入 30。接着单击 区域内 ▼ 下拉选项，系统显示相关区域内选项。

　　　在【传递使用】下拉选项选取【进刀/退刀】选项；在【传递类型】下拉选项选取【前一平面】；在【安全距离】文本框中输入 5，其余参数按系统默认，单击　确定　完成【非切削运动】参数设置，结果如图 3-10 所示，同时并返回【型腔铣】对话框。

图 3-9　进刀/退刀参数设置

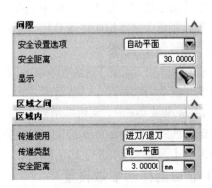

图 3-10　传递/快速参数设置

（4）进给与主轴转速参数设置

　　在【型腔铣】对话框中单击【进给率和速度】图标 按钮，系统弹出【进给率和速度】对话框。在【主转速度】文本框中输入 1800，接着在【剪切】文本框中输入 2000，其余参数按系统默认，单击 确定 完成【进给率和速度】的参数设置。

步骤 7 粗加工刀具路径生成 在【型腔铣】对话框中单击生成图标 按钮，系统会开始计算刀具路径，计算完成后，单击 确定 完成粗加工刀具路径操作，结果如图 3-11 所示。

步骤 8 半精加工创建　在【加工创建】工具条中单击图标 按钮，系统弹出【创建工序】对话框。

　　在【类型】下拉列表中选择【mill_contour】选项。

　　在【子类型】选项卡中单击图标 按钮。

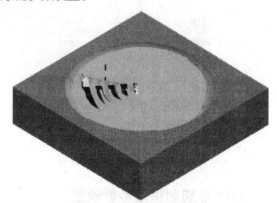

图 3-11　粗加工刀具路径

　　在【程序】下拉列表中选择【CAVITY】选项为程序名。

　　在【刀具】下拉列表中选择【R6】。

　　在【几何体】下拉列表中选择【WORKPIECE】选项。

　　在【方法】下拉列表中选择【MILL_M】选项。

　　【名称】一栏为默认的【ZL1】名称，单击 应用 ，进入【深度加工轮廓】对话框。

步骤 9【深度加工轮廓】对话框参数设置。

（1）修剪边界设置

　　在【指定修剪边界】选项中单击图标 按钮，系统弹出【修剪边界】对话框，接着在作图区选择型芯底面为修剪边界，然后在修剪侧选择 外部选项，其余参数按系统默认，单击 确定(Q) 完成修剪边界创建。

（2）刀轨设置

　　在【陡峭空间范围】下拉选项选择【仅陡峭的】选项。

　　在【合并距离】文本框中输入 10。

　　在【最小切削深度】文本框中输入 1。

　　在【距离】文本框中输入 0.5，结果如图 3-12 所示。

（3）切削参数设置

　　在【深度加工轮廓】对话框中单击【切削参数】图标 按钮，系统弹出【切削参数】对话框。

陡峭空间范围	仅陡峭的	
角度	15.0000(	
合并距离	10.0000(	mm
最小切削长度	1.0000(	mm
Common Depth per Cut	恒定	
距离	0.5000(	mm

图 3-12　刀轨设置

　　单击 连接 按钮，系统显示相关选项，接着在【层到层】下拉选项选择 沿部件斜进刀 选项，其余参数按系统默认，单击 确定 完成切削参数操作，同时系统返回【深度加工轮廓】对话框。

（4）非切削移动参数设置

　　非切削移动参数与型腔铣粗加工参数一致，在此不再重复。

（5）转速/进给参数设置

➡ 在【深度加工轮廓】对话框中单击【进给率和速度】图标 🔁 按钮，系统弹出进给对话框。

➡ 在【主转速度】文本框中输入 2800。

➡ 在【剪切】文本框中输入 1000，其余参数按系统默认，单击 确定 完成【进给率和速度】的操作。

步骤10 半精加工刀轨生成   在【深度加工轮廓】对话框中单击图标 按钮，系统开始计算刀轨，计算后生成的刀轨如图 3-13 所示。

步骤11 利用上述步骤，完成精加工刀轨创建，结果如图 3-14 所示。

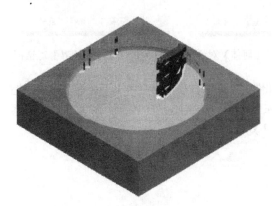

图 3-13   半精加工刀轨结果

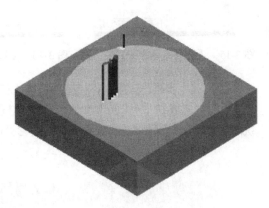

图 3-14   精加工刀轨结果

步骤12 精加工底部。

在【加工创建】工具栏中单击图标 按钮，系统弹出【创建工序】对话框。

➡ 在【类型】下拉列表中选择【mill_contour】选项；在【操作子类型】选项卡中单击图标 按钮；在【程序】下拉列表中选择【CORE】选项为程序名。

➡ 在【刀具】下拉列表中选择【R6】；在【几何体】下拉列表中选择【WORKPIECE】选项；在【方法】下拉列表中选择【MILL_F】选项；在【名称】文本框中输入 F1，单击 应用 系统弹出【固定轮廓铣】对话框。

步骤13 在【固定轮廓铣】对话框中设置如下参数。

（1）驱动方法设置

➡ 在【驱动方式】下拉选项选取【边界】选项，系统弹出【边界驱动方法】对话框，如图 3-15 所示。

➡ 在【指定驱动几何体】选项中单击图标 按钮，系统弹出【边界边界几何体】对话框，如图 3-16 所示。

➡ 在【模式】下拉选项选取【曲线/边】选项，同时系统弹出【创建边界】对话框，如图 3-17 所示。

➡ 接着在作图区选择如图 3-18 所示的边界为加工边界，其余参数按系统默认，单击两次 确定(0)，系统返回【边界驱动方法】对话框。

➡ 在【切削方向】下拉选项选取【顺铣】选项。

➡ 在【步距】下拉选项选取【恒定】选项；在【距离】文本框中输入 0.15。

图 3-15　【边界驱动方法】对话框　图 3-16　【边界几何体】对话框　图 3-17　【创建边界】对话框

在【步距已应用】下拉选项选取【在部件上】选项；在【切削角】下拉选项选取【指定】选项，接着在【Angle from XC】文本框中输入 45，结果如图 3-19 所示，其余参数按系统默认，单击 确定 (0)，系统返回【固定轮廓铣】对话框。

边界选择结果

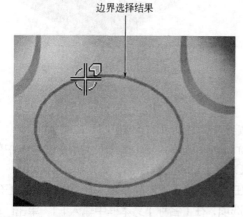

图 3-18　加工边界选择结果

图 3-19　驱动设置参数结果

（2）转速/进给参数设置

在【固定轮廓铣】对话框中单击【进给率和速度】图标 按钮，系统弹出【进给】对话框。

在【主转速度】文本框中输入 3500。

在【剪切】文本框中输入 1000，其余参数按系统默认，单击 确定 完成【进给率和速度】的操作。

步骤 14　精加工型芯刀具路径生成　在【固定轮廓铣】对话框中单击生成图标 按钮，系统会开始计算刀具路径，计算完成后，单击 确定 完成精加工刀具路径操作，结果如图 3-20 所示。

步骤 15　刀具路轨验证　在操作导航器工具条中单击图标 按钮，此时操作导航器页面会显示为几何视图，接着单击 MCS 图标，此时加工操作工具条激活，然后在加工操作工具条中单击图标 按钮，系统弹出【刀轨可视化】对话框。

在【刀轨可视化】对话框中单击 2D 动态 按钮，接着再单击播放图标 按钮，系统会在作图出现仿真操作，结果如图 3-21 所示。

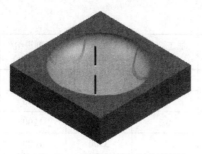
图 3-20　型芯表面精加工刀轨结果

图 3-21　刀轨加工仿真结果

3.3　后模加工方案

3.3.1　工艺分析

（1）毛坯材料为国产 45 钢，毛坯尺寸为 290mm×290mm×82mm。

（2）产品外形简单，但有多处需要电火花加工及内部进行线切割镶件加工，因此在加工时可以不考虑内部结构，只加工大面即可。

（3）由于工件尺寸为立方体，需要去除的材料较多，因此首先可以采用型腔铣进行粗加工操作，并尽可能地采用大刀进行加工，因此开粗可以选用 D30R5 飞刀进行开粗。

141

3.3.2　填写 CNC 加工程序单

（1）在立铣加工中心上加工，使用平口板进行装夹。

（2）加工坐标原点的设置：采用四面分中，X、Y 轴取在工件的中心；Z 轴取工件的最高顶平面。

（3）数控加工工艺及刀具选用如加工程序单所示。

模具名称：　YUHENG302 模号：　Core302　操作员：　钟平福　编程员：　钟平福

计划时间：		描述：
实际时间：		
上机时间：		
下机时间：		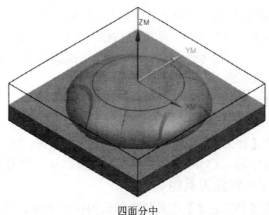
工作尺寸	单位：mm	
XC	290	
YC	290	
ZC	82	
工作数量：　　1　　件		四面分中

续表

程序名称	加工类型	刀具直径/ mm	加工深度/ mm	加工余量/ mm	主轴转速/ （r/min）	切削进给/ （mm/min）	备注
型腔	开粗	D30R5	−52	0.5	2000	2000	
平面	精光	D20	−52	0	3000	1000	
固定	半精	R3	−52	0.2	3000	1500	
固定	精光	R3	−52	0	3500	1000	

3.4　数控编程操作步骤

步骤 1　运行 NX8.0 软件。

步骤 2　选择主菜单的【文件】|【打开】命令或单击工具栏图标 按钮，系统将弹出【打开部件文件】对话框，在此找到放置练习文件夹 ch3 并选择 core .prt 文件，单击 OK 进入 UG 加工界面，如图 3-22 所示。

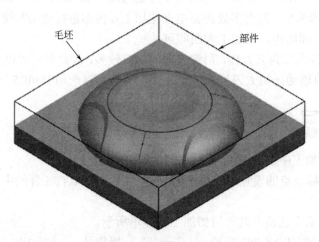

毛坯　　　　部件

图 3-22　部件与毛坯对象

步骤 3　进行修补不加工对象。选择主菜单的【插入】|【同步建模】|【删除】或在【同步建模】工具条在单击图标 按钮，系统弹出【删除面】对话框。

在作图区选取如图 3-23 所示的面为删除的面，其余参数按系统默认，单击 应用 完成删除面创建，结果如图 3-24 所示。

步骤 4　创建父节点。

（1）创建程序组。

在【加工创建】工具栏中单击图标 按钮，系统弹出【创建程序】对话框。在【名称】文本框中输入 CORE，其余参数按系统默认，单击 确定 完成程序组的创建。

（2）创建刀具组。

在【加工创建】工具栏中单击图标 按钮，系统弹出【创建刀具】对话框。

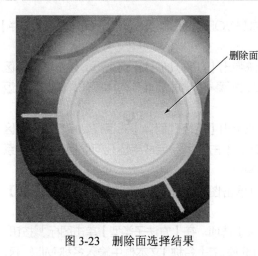

图 3-23　删除面选择结果

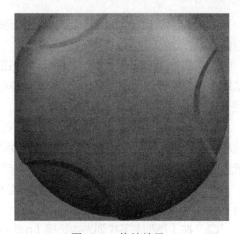

图 3-24　修补结果

➡ 在【类型】下拉列表中选择【mill_contour】选项。

➡ 在【刀具子类型】选项卡中单击图标 🔟 按钮。

➡ 在【刀具】下拉列表中选择【GENGRIC_MACHINE】选项。

➡ 在【名称】文本框中输入 D30R5，单击 应用 进入【铣刀-5 参数】设置对话框。

➡ 在【直径】文本框中输入 30；在【底圆角半径】文本框中处输入 5。

➡ 【材料】为 CARBIDE（可点单击图标 🔧 进入设置刀具材料）；在【刀具号】文本框中输入 1；在【刀具补偿】文本框中输入 1。其余参数按系统默认，单击 确定 完成 1 号刀具的创建。

➡ 依照上述操作过程，完成 D20、R3 刀具的创建。

（3）创建几何体组。

在【加工创建】工具栏中单击图标 ⬛ 按钮，系统弹出【创建几何体】对话框。

① 机床坐标系创建

➡ 在【类型】下拉列表中选择【mill_contour】选项。

➡ 在【几何体子类型】选卡中单击图标 ⬛ 按钮。

➡ 在【几何体】下拉列表中选择【GEOMETRY】。

➡ 【名称】处的几何节点按系统默认的名称【MCS】，接着单击 应用 进入系统弹出【MCS】对话框。

➡ 在【指定 MCS】处单击 ⬛（自动判断）然后在作图区选择毛坯顶面为 MCS 放置面，然后单击 确定，完成加工坐标系的创建，结果如图 3-25 所示。

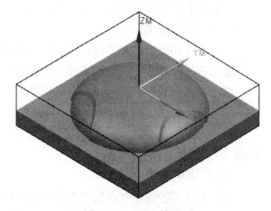

图 3-25　MCS 放置面

② 工件创建

➡ 在【类型】下拉列表中选择【mill_contour】选项。

➡ 在【几何体子类型】选卡中单击图标 ⬛ 按钮。

➡ 在【几何体】下拉列表中选择【MCS】。

　　　　▣　【名称】处的几何节点按系统内定的名称【WORKPIECE】，单击 确定 进入【工件】对话框。

　　　　▣　在【指定部件】处单击图标 ⊘ 按钮，系统弹出【部件几何体】对话框，接着在作图区选取型芯为部件几何体，其余参数按系统默认，单击 确定 完成部件几何体操作，同时系统返回【工件】对话框。

　　　　▣　在【指定毛坯】处单击图标 ⊗ 按钮，系统弹出【毛坯几何体】对话框，接着在作图区选取线框对象为毛坯几何体，其余参数按系统默认，单击 确定 完成毛坯几何体操作，同时系统返回【工件】对话框，再单击 确定 完成工件操作。

　　　（4）创建方法。在【加工创建】工具栏中单击图标 ▦ 按钮，系统弹出【创建方法】对话框。

　　　　▣　在【类型】下拉列表中选择【mill_contour】选项。在【方法子类型】单击图标 ▥ 按钮。

　　　　▣　在【方法】下拉列表中选择【METHOD】选项。在【名称】文本框中输入名称 MILL_R，单击 应用 系统，弹出【模具粗加工 HSM】对话框；接着在【部件余量】文本框中输入 0.3，其余参数按系统默认，单击 确定 完成模具粗加工 HSM 操作。

　　　　▣　依照上述操作，依次创建 MILL_M（中加工）、MILL_F（精加工），其中半精加工的部件余量为 0.15；精加工部件余量为 0。

　　步骤 5　创建工序。在【加工创建】工具栏中单击图标 ⊯ 按钮，系统弹出【创建工序】对话框。

　　　　▣　在【类型】下拉列表中选择【mill_contour】选项。

　　　　▣　在【操作子类型】选项卡中单击图标 ▥ 按钮。

　　　　▣　在【程序】下拉列表中选择【CORE】选项为程序名。

　　　　▣　在【刀具】下拉列表中选择【D30R5】。

　　　　▣　在【几何体】下拉列表中选择【WORKPIECE】选项。

　　　　▣　在【方法】下拉列表中选择【MILL_R】选项。

　　　　▣　在【名称】文本框中输入 CA1，单击 应用 系统弹出【型腔铣】对话框。

　　步骤 6　在【型腔铣】对话框中设置如下参数。

（1）刀轨设置

　　　　▣　在【切削模式】下拉选项选择【跟随周边】选项。

　　　　▣　在【步距】下拉选项选择【%刀具平直】选项。

　　　　▣　在【平面直径百分比】文本中输入 60%。

　　　　▣　在【Common Depth per Cut（全局切削深度）】下拉选项选择【恒定】，在【距离】文本框中输入 0.5，结果如图 3-26 所示。

（2）切削参数设置

　　　　▣　在【型腔铣】对话框中单击【切削参数】图标 ▦ 按钮，系统弹出【切削参数】对话框。在【切削顺序】下拉选项选择【深度优先】选项。

图 3-26　刀轨设置

　　　　▣　在【图样方向】下拉菜单选取【向内】选项。在 壁 ▽ 下拉选项勾选 ☑ 岛清理，接着在【壁清理】下拉选项选取【自动】选项，如图 3-27 所示；然后在【切削参数】对话框单击 余量 按钮，系统显示相关余量选项，如图 3-28 所示。

在余量下拉选项中去除 ☑ 使用"底部面和侧壁余量一致"勾选选项，在【部件底部面余量】处输入 0.15；其余参数按系统默认，单击 确定 完成切削参数操作，同时系统返回【型腔铣】对话框。

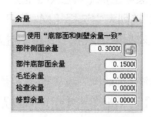

图 3-27　切削参数设置　　　　图 3-28　余量相关选项

（3）非切削移动参数设置

在【型腔铣】对话框中单击【非切削移动】图标 按钮，系统弹出【非切削运动】对话框。在【进刀类型】下拉选项选取【螺旋线】选项；在【倾斜角度】文本框中输入 6mm；在【高度】文本框中输入 0.3mm；在【最小安全距离】文本框中输入 1；在【最小倾斜长度】文本框中输入 0，结果如图 3-29 所示。

单击 传递/快速 按钮，系统显示相关的快速/传递选项。在【安全设置选项】下拉选项选取【自动平面】选项；在【安全距离】文本框中输入 30。

单击【区域内】选项，接着在【传递类型】下拉选项选取【前一平面】；在【安全距离】文本框中输入 3；其余参数按系统默认，单击 确定 完成【非切削运动】参数设置，结果如图 3-30 所示，同时并返回【型腔铣】对话框。

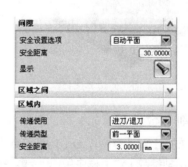

图 3-29　进刀/退刀参数设置　　　图 3-30　传递/快速参数设置

（4）进给与主轴转速参数设置

在【型腔铣】对话框中单击【进给率和速度】图标 按钮，系统弹出【进给率和速度】对话框。在【主转速度】文本框中输入 1800，接着在【剪切】文本框中输入 2000，其余参数按系统默认，单击 确定 完成【进给率和速度】的参数设置。

步骤 7 　粗加工刀具路径生成　在【型腔铣】对话框中单击生成图标 按钮，系统会开始计算刀具路径，计算完成后，单击 确定 完成粗加工刀具路径操作，结果如图 3-31 所示。

步骤 8 　精加工分型面。在【加工创建】工具栏中单击图标 按钮，系统弹出【创建工序】对话框。

在【类型】下拉列表中选择【mill_planar】选项；在【子类型】选项卡中单击图标

按钮；在【程序】下拉列表中选择【CORE】选项为程序名。

在【刀具】下拉列表中选择【D20】；在【几何体】下拉列表中选择【WORKPIECE】选项；在【方法】下拉列表中选择【MILL_F】选项；在【名称】文本框中输入FA1，单击进入【面铣】对话框。

步骤9 在【面铣】对话框中设置如下参数。

（1）在【面铣】对话框单击【指定面边界】图标按钮，系统弹出【指定面几何体】对话框。

在【指定面几何体】单击图标按钮，接着在作图区选择如图3-32所示的面为指定几何体，其余参数按系统默认，单击 确定 完成指定面边界操作，并返回【面铣】操作对话框。

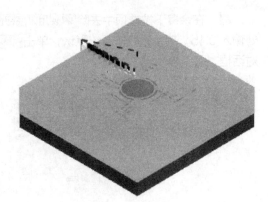

图3-31 粗加工刀具路径

（2）刀轨设置

在【切削参数】下拉选项选择【往复】选项。

在【步进】下拉选项选择【恒定】选项。

在【距离】文本框中输入18mm。

在【毛坯距离】文本框中输入3，结果如图3-33所示。

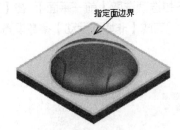

指定面边界

图3-32 指定面几何边界选择结果

切削模式	往复
步距	恒定
距离	18.0000(mm
毛坯距离	3.0000(
每刀深度	0.0000(

图3-33 刀轨设置结果

（3）切削参数设置

在【面铣】对话框中单击【切削参数】图标按钮，系统弹出【切削参数】对话框。

在【切削参数】对话框中单击 策略 按钮，系统显示相关选项；接着在【切削角】下拉选项选择【指定】选项；在【Angle from XC】文本框中输入0；然后单击【壁】选项，接着在【壁清理】下拉选项选择 在终点 选项；最后单击【精加工刀路】选项，接着勾选 ☑添加精加工刀路，其余参数按系统默认，单击 确定 完成切削参数操作，结果如图3-34所示。

（4）非切削移动参数设置

在【面铣】对话框中单击【非切削移动】图标按钮，系统弹出【非切削移动】对话框。

在【进刀类型】下拉选项选择【插铣】选项。

在【高度】文本框中处输入3mm。

在【非切削移动】对话框中单击 传递/快速 按钮，系统显示相关选项；接着在【安全设置选项】下拉选项中选择【自动】选项，在【安全距离】文本框中输入30，其余参数按系统默认，单击 确定 完成非切削移动参数操作，结果如图3-35所示。

图 3-34　切削参数设置结果　　　　　图 3-35　非切削参数设置结果

（5）进给和速度参数设置

在【面铣】对话框中单击【进给率和速度】图标按钮，系统弹出【进给】对话框，接着在【主转速度】文本框输入 3500，在【剪切】文本框中输入 1000，其余参数按系统默认，单击 确定 完成进给和速度参数操作。

步骤10　精加工分型面刀具路径生成
在面铣参数设置对话框中单击生成图标按钮，系统会开始计算刀具路径，计算完成后，单击 确定 完成精加工刀具路径操作，结果如图 3-36 所示。

步骤11　半精加工型芯表面。

在【加工创建】工具栏中单击图标按钮，系统弹出【创建工序】对话框。

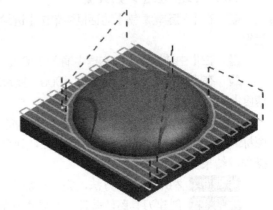

在【类型】下拉列表中选择【mill_contour】选项。

在【操作子类型】选项卡中单击图标按钮。

图 3-36　精加工分型面刀轨结果

在【程序】下拉列表中选择【CORE】选项为程序名。

在【刀具】下拉列表中选择【R3】。

在【几何体】下拉列表中选择【WORKPIECE】选项。

在【方法】下拉列表中选择【MILL_M】选项。

在【名称】文本框中输入 FI1，单击 应用 ，系统弹出【固定轮廓铣】对话框。

步骤12　在【固定轮廓铣】对话框中设置如下参数。

（1）切削区域设置

在【指定切削区域】选项中单击图标按钮，系统弹出【切削区域】对话框，接着在作图区选取如图 3-37 所示的面为切削区域，单击 确定 (Q) 完成切削区域操作。

（2）驱动方法设置

在【驱动方式】下拉选项选取【区域铣削】选项，系统弹出【区域铣削驱动方法】对话框。

在【切削方向】下拉选项选取【顺铣】选项。

在【步距】下拉选项选取【恒定】选项；在【距离】文本框中输入 0.2。

在【步距已应用】下拉选项选取【在部件上】选项；在【切削角】下拉选项选取【指定】选项，接着在【Angle from XC】文本框中输入 45，结果如图 3-38 所示。其余参数按系统默认，单击 确定 (Q) ，系统返回【固定轮廓铣】对话框。

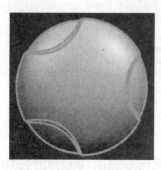

图 3-37　切削区域面选择结果　　　　图 3-38　驱动设置参数结果

（3）转速/进给参数设置

在【固定轮廓铣】对话框中单击【进给率和速度】图标 按钮，系统弹出【进给】对话框。

在【主转速度】文本框中输入 3500。

在【切削】文本框中输入 1000，其余参数按系统默认，单击 确定 完成【进给率和速度】的操作。

步骤13　精加工型芯表面刀具路径生成　在固定轮廓铣参数设置对话框中单击生成图标 按钮，系统会开始计算刀具路径，计算完成后，单击 确定 完成半精加工刀具路径操作，结果如图 3-39 所示。

步骤14　利用相同的方法，完成精加工刀具路径创建，结果如图 3-40 所示。

步骤15　创建刀具路轨验证　在操作导航器工具条中单击图标 按钮，此时操作导航器页面会显示为几何视图，接着单击 MCS图标，此时加工操作工具条激活，然后在加工操作工具条中单击图标 按钮，系统弹出【刀轨可视化】对话框。

在【刀轨可视化】对话框中单击 2D 动态按钮，接着再单击播放图标 按钮，系统会在作图出现仿真操作，结果如图 3-41 所示。

图 3-39　精加工型芯表面刀轨结果　　图 3-40　精加工型芯表面刀轨结果　　图 3-41　刀轨加工仿真结果

第4章

玩具飞机数控加工案例剖析

本章主要知识点 >>

- 前模加工方法
- 前模加工注意点
- 后模加工方法
- 后模加工注意点

4.1 前模加工方案

4.1.1 工艺分析

（1）毛坯材料为 45 钢，毛坯尺寸为 300mm×250mm×80mm。

（2）由于工件尺寸为立方体，需要去除的材料较多，因此首先可以采用型腔铣进行粗加工操作，并尽可能采用大刀进行加工。

（3）因在第一次粗加工时采用较大刀具，窄小的地方还有较大的余量，因此还必须选用一把较小的刀具进行二次开粗，这样才可以保证半精加工余量一致。

4.1.2 填写 CNC 加工程序单

（1）在立式加工中心上加工，使用工艺板进行装夹。

（2）加工坐标原点的设置：采用四面分中，X、Y 轴取在工件的中心；Z 轴取工件的最高顶平面。

（3）数控加工工艺及刀具选用如加工程序单所示。

| 模具名称： | PF401 | 模号： | Cavity401 | | 操作员： | 钟平福 | 编程员： | 钟平福 |

计划时间：		描述：
实际时间：		
上机时间：		
下机时间：		

工作尺寸		单位：mm
XC		300
YC		250
ZC		80

| 工作数量： | 1 件 |

四面分中

程序名称	加工类型	刀具直径/mm	加工深度/mm	加工余量/mm	主轴转速/(r/min)	切削进给/(mm/min)	备注
型腔	开粗	D16R0:4	−50	0.3	1800	1200	
型腔	开粗	D4	−52	0.3	2500	1000	
等高	半精	D4	−52	0.15	3000	1500	
等高	精修	D4	−38	0	4000	1200	
固定	精修	R2	−52	0	4000	1350	
面铣	精修	D16R0.4	−8	0	3000	1300	
面铣	精修	D16R0.4	−13	0	3000	1300	

4.2 数控编程操作步骤

步骤1 运行 NX8.0 软件。

步骤2 选择主菜单的【文件】|【打开】命令或单击工具栏图标 按钮，系统将弹出【打开部件文件】对话框，在此找到放置练习文件夹 ch4 并选择 cavity.prt 文件，单击 OK 进入 UG 加工界面，如图 4-1 所示。

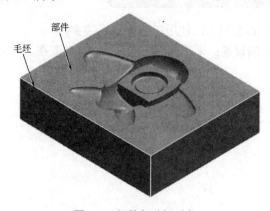

图 4-1　部件与毛坯对象

步骤 3 创建父节点。

（1）创建程序组。在【加工创建】工具栏中单击图标 按钮，系统弹出【创建程序】对话框。

🔘 在【类型】下拉列表中选择【mill_contour】选项。

🔘 在【程序】下拉列表中选择【NC_PROGRAM】。

🔘 在【名称】处输入名称【cavity】，单击 确定 完成程序组操作。

（2）创建刀具组。在【加工创建】工具栏中单击图标 按钮，系统弹出【创建刀具】对话框。

🔘 在【类型】下拉列表中选择【mill_contour】选项；在【刀具子类型】选项卡中单击图标 按钮。

🔘 在【刀具】下拉列表中选择【GENGRIC_MACHINE】选项。

🔘 在【名称】文本框中输入 D16R0.4，单击 应用 进入【铣刀-5 参数】设置对话框。

🔘 在【直径】文本框中输入 16。

🔘 在【下半径】文本框中输入 0.4。

🔘 【材料】为 CARBIDE（可点单击图标 进入设置刀具材料）。

🔘 在【刀具号】文本框中输入 1；在【刀具补偿】文本框中输入 1，其余参数按系统默认，单击 确定 按钮完成 1 号刀具创建。

🔘 依照上述操作过程，完成 D4、R2 刀具的创建。

（3）创建几何体组。在【加工创建】工具栏中单击图标 按钮，系统弹出【创建几何体】对话框。

① 机床坐标系创建

🔘 在【类型】下拉列表中选择【mill_contour】选项。

🔘 在【几何体子类型】选卡中单击图标 按钮。

🔘 在【几何体】下拉列表中选择【GEOMETRY】。

🔘 【名称】处的几何节点按系统默认的名称【MCS】，接着单击 应用 进入系统弹出【MCS】对话框。

🔘 在【指定 MCS】处单击 （自动判断）然后在作图区选择毛坯顶面为 MCS 放置面，然后单击 确定 ，完成加工坐标系的创建，结果如图 4-2 所示。

② 工件创建

🔘 在【类型】下拉列表中选择【mill_contour】选项。

🔘 在【几何体子类型】选卡中单击图标 按钮。

🔘 在【几何体】下拉列表中选择【MCS】。

🔘 【名称】处的几何节点按系统内定的名称【WORKPIECE】，单击 确定 进入【工件】对话框。

🔘 在【指定部件】处单击图标 按钮，系统弹出【部件几何体】对话框，接着在作图区

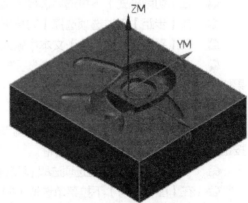

图 4-2　MCS 放置面

选取型腔为部件几何体，其余参数按系统默认，单击 确定 完成部件几何体操作，同时系统返回【工件】对话框。

在【指定毛坯】处单击图标 按钮，系统弹出【毛坯几何体】对话框，接着在作图区选取线框对象为毛坯几何体，其余参数按系统默认，单击 确定 完成毛坯几何体操作，同时系统返回【工件】对话框，再单击 确定 完成工件操作。

（4）创建方法 在【加工创建】工具栏中单击图标 按钮，系统弹出【创建方法】对话框。

在【类型】下拉列表中选择【mill_contour】选项。

在【方法子类型】单击图标 按钮。

在【方法】下拉列表中选择【METHOD】选项。

在【名称】文本框中输入名称 MILL_R，单击 应用 ，系统弹出【模具粗加工 HSM】对话框；接着在【部件余量】文本框中输入 0.3，其余参数按系统默认，单击 确定 完成模具粗加工 HSM 操作。

依照上述操作，依次创建 MILL_M（中加工）、MILL_F（精加工），其中中加工的部件余量为 0.15；精加工部件余量为 0。

步骤4 创建操作。在【加工创建】工具栏中单击图标 按钮，系统弹出【创建工序】对话框。

在【类型】下拉列表中选择【mill_contour】选项。

在【工序子类型】选项卡中单击图标 按钮。

在【程序】下拉列表中选择【CAVITY】选项为程序名。

在【刀具】下拉列表中选择【D16 R0.4】。

在【几何体】下拉列表中选择【WORKPIECE】选项。

在【方法】下拉列表中选择【MILL_R】选项。

在【名称】文本框中输入 CA1，单击 应用 ，系统弹出【型腔铣】对话框。

步骤5 在【型腔铣】对话框中设置如下参数。

（1）刀轨设置

在【切削模式】下拉选项选择【跟随周边】选项。

在【步距】下拉选项选择【刀具平直百分比】选项。

在【平面直径百分比】文本中输入 70%。

在【每刀的公共深度】下拉选项选择【恒定】，在【最大距离】文本框中输入 0.5，结果如图 4-3 所示。

（2）切削参数设置

在【型腔铣】对话框中单击【切削参数】图标 按钮，系统弹出【切削参数】对话框。

在【切削顺序】下拉选项选取【深度优先】选项。

在【图样方向】下拉菜单选取【向内】选项。

在 壁 下拉选项勾选 岛清理，接着在【壁清

切削模式	跟随周边
步距	刀具平直百分比
平面直径百分比	70.0000
每刀的公共深度	恒定
最大距离	0.5000 mm

图 4-3 刀轨设置

理】下拉选项选取【自动】选项，如图 4-4 所示；然后在【切削参数】对话框单击 余量 按钮，系统显示相关余量选项，如图 4-5 所示。

在余量下拉选项中去除 ☑ 使用 "底部面和侧壁余量一致" 勾选选项，在【部件底部面余量】处输入 0.1；其余参数按系统默认，单击 确定 完成切削参数操作，同时系统返回【型腔铣】对话框。

图 4-4　切削参数设置

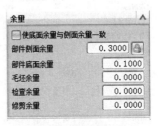

图 4-5　余量相关选项

（3）非切削移动参数设置

在【型腔铣】对话框中单击【非切削移动】图标 按钮，系统弹出【非切削运动】对话框。

① 进刀封密区域参数设置

在【进刀类型】下拉选项选取【螺旋】选项。

在【直径】文本框中输入 90%。

在【斜坡角】文本框中输入 15。

在【高度】文本框中输入 3。

在【最小安全距离】文本框中输入 1。

在【最小斜面长度】文本框中输入 0。

② 进刀开放区域参数设置

在【进刀类型】下拉选项选取【圆弧】选项。

在【半径】文本框中输入 5mm，结果如图 4-6 所示。

③ 转移/快速参数设置

在【非切削运动】对话框中单击 转移/快速 按钮，系统显示相关的转移/快速选项。

在【安全设置选项】下拉选项选取【自动平面】选项。

在【安全距离】文本框中输入 30。

在【转移类型】下拉选项选取【安全距离-刀轴】。

在【转移方式】下拉选项选取【进刀/退刀】。

在【转移类型】下拉选项选取【前一平面】。

在【安全距离】文本框中输入 3，其余参数按系统默认，单击 确定 完成【非切削运动】参数设置，结果如图 4-7 所示，同时并返回【型腔铣】对话框。

（4）进给率与主轴转速参数设置

在【型腔铣】对话框中单击【进给率和速度】图标 按钮，系统弹出【进给率和速度】对话框。

在【主转速度】文本框中输入 1800，接着在【切削】文本框中输入 1200，其余参数按系统默认，单击 确定 完成【进给率和速度】的参数设置。

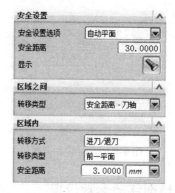

图 4-6 进刀/退刀参数设置　　　图 4-7 转移/快速参数设置

步骤 6 粗加工刀具路径生成　在【型腔铣】对话框中单击生成图标 按钮，系统会开始计算刀具路径，计算完成后，单击 确定 完成粗加工刀具路径操作，结果如图 4-8 所示。

步骤 7 二次粗加工操作　因为都是开粗操作过程，因此只要将前面的刀具路径进行复制，接着重新选取一把新刀具即可。

　　单击 MILL_R 前面的+，读者会看到名为 CA1 的刀具路径。

　　将鼠标移至 CA1 刀具路径中，单击右键系统弹出快捷方式。

　　在快捷方式单击【复制】，接着将鼠标移至 MILL_R 中，单击右键系统弹出快捷方式，然后单击【内部粘贴】选项，此时读者可以看到一个过时的刀具路径名 CA1_COPY；最后将 CA1_COPY 更名为 CA2。

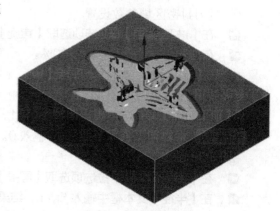

图 4-8 粗加工刀具路径

　　在 CA2 对象中双击左键，系统弹出【型腔铣】对话框。

步骤 8 在【型腔铣】对话框中设置如下参数。

　　在【刀具】下拉选项选取 D4（铣刀-5 参数 选项。

　　接着在【型腔铣】对话框中单击【切削参数】图标 按钮，系统弹出【切削参数】对话框。

　　在【切削参数】对话框中单击 空间范围 按钮，系统显示相关选项，单击【毛坯】卷展栏选项；接着在【修剪由】下拉选项选择 轮廓线 选项；在【处理中的工件】下拉选项选择 使用基于层的 选项，其余参数按系统默认，单击 确定 完成【切削参数】设置，同时系统返回【型腔铣】对话框。

　　在【型腔铣】对话框中单击【进给率和速度】图标 按钮，系统弹出【进给】对话框。

　　在【主转速度】文本框中输入 2000。

　　在【切削】文本框中输入 1000，其余参数按系统默认，单击 确定 完成【进给率和速度】的操作。

1. 参考刀具是 UGNX4.0 新增功能，主要用于二次开粗。也就是说，当第一把刀加工完一个区域后，如果还有小区域的余量较多时，则要二次开粗，那么此时就要利用参考刀具功能。

2. 二次开粗也可以采用作者编写的《UG NX 数控加工自动编程入门与技巧 100 例》书中的第 5 章实例 2 方法进行加工，实例 2 中的方法是 NX6.0 新增功能。

3. 除了使用上面方法外，也可以使用本例的方法，完成二次开粗加工。

步骤 9　二次开粗刀具路径生成　在【型腔铣】对话框中单击生成图标 按钮，系统会开始计算刀具路径，计算完成后，单击 确定 完成中加工刀具路径操作，结果如图 4-9 所示。

步骤 10　半精加工创建　在【加工创建】工具条中单击图标 按钮，系统弹出【创建操作】对话框。

➭ 在【类型】下拉列表中选择【mill_contour】选项。

➭ 在【子类型】选项卡中单击图标 按钮。

➭ 在【程序】下拉列表中选择【CAVITY】选项为程序名。

➭ 在【刀具】下拉列表中选择【D4】。

➭ 在【几何体】下拉列表中选择【WORKPIECE】选项。

➭ 在【方法】下拉列表中选择【MILL_M】选项。

➭ 【名称】一栏为默认的【ZL1】名称，单击 应用 ，进入【深度加工轮廓】对话框。

步骤 11　【深度加工轮廓】对话框参数设置。

（1）指定切削区域设置

➭ 在【指定切削区域】选项中单击图标 按钮，系统弹出【切削区域】对话框，接着在作图区选择型腔面为切削区域，其余参数按系统默认，单击 确定(O) 完成切削区域创建。

（2）刀轨设置

➭ 在【陡峭空间范围】下拉选项选择【无】选项。

➭ 在【合并距离】文本框中输入 3。

➭ 在【最小切削深度】文本框中输入 1。

➭ 在【距离】文本框中输入 0.35，结果如图 4-10 所示。

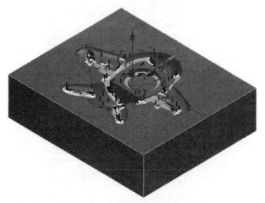

陡峭空间范围	无
合并距离	3.0000(mm
最小切削长度	1.0000(mm
每刀的公共深度	恒定
最大距离	0.3500(mm

图 4-9　二次开粗刀具路径　　　　　　　　　　图 4-10　刀轨设置

合并距离可以使用户通过连接不连贯的切削运动从而消除刀轨中小的不连续性或不希望出现的缝隙，因此在加工开放区域时，可以将合并距离设置大些。

（3）切削参数设置。

➡ 在【深度加工轮廓】对话框中单击【切削参数】图标 按钮，系统弹出【切削参数】对话框。

➡ 在【切削方向】下拉选项选取 混合 选项，在【切削顺序】下拉选项选取 始终深度优先 选项，接着单击 余量 按钮，系统显余量选项。

➡ 在【余量】选项中勾选 使底面余量与侧面余量一致，接着在【部件侧面余量】处输入 0.1，其余参数按系统默认，单击 确定 完成切削参数操作，同时系统返回【深度加工轮廓】对话框。

（4）非切削移动参数设置

① 封密区域设置

➡ 在【深度加工轮廓】对话框中单击图标 按钮，系统弹出【非切削移动】对话框。

➡ 在【非切削移动】对话框中单击 进刀 选项，接着在 进刀类型 下拉选项选取 螺旋 选项，然后在【直径】文本框中输入 65%。

➡ 在【斜坡角】文本框中输入 3。

➡ 在【最小安全距离】文本框中输入 1。

② 开放区域设置

➡ 在 进刀类型 下拉选项选取 圆弧 选项，接着在 半径 文本框中输入 3mm；设置结果如图 4-11 所示。然后在【非切削移动】对话框中单击 转移/快速 选项，系统显示相关 转移/快速 选项。

③ 转移/快速选项设置

➡ 在 安全设置选项 选取 自动平面 选项，在【安全距离】文本框中输入 30；在 区域之间 下拉选项中将 传递类型 选项设置为 安全距离 - 刀轴 。

➡ 在 区域内 下拉选项中将 传递使用 选项设置为 抬刀和插削 ，接着在 抬刀/插削高度 文本框中输入 5；然后在 传递类型 选项设置为 前一平面 ，最后在 安全距离 文本框中输入 5，如图 4-12 所示，其余参数按系统默认，单击 确定 完成非切削移动，并返回【深度加工轮廓】对话框。

图 4-11 进/退刀参数设置结果

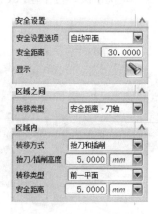

图 4-12 转移/快速参数设置结果

（5）进给率/转速参数设置

　　➡️　在【深度加工轮廓】对话框中单击【进给率和速度】图标➕按钮，系统弹出【进给】对话框。

　　➡️　在【主转速度】文本框中输入 2500。

　　➡️　在【切削】文本框中输入 1200，其余参数按系统默认，单击 确定 完成【进给率和速度】的操作。

　　步骤12　半精加工刀轨生成　在【深度加工轮廓】对话框中单击图标 ➡️ 按钮，系统开始计算刀轨，计算后生成的刀轨如图 4-13 所示。

　　步骤13　精加工刀轨创建 1　因上一步半精加工完成后，需要对局部区域进行精加工操作，同时可以采用上一步的加工方法进行完成精加工操作，因此只要将前面的刀具路径进行复制即可。

　　➡️　单击 🔳 MILL_M前面的+，读者会看到名为 🔧 ZL1的刀具路径。

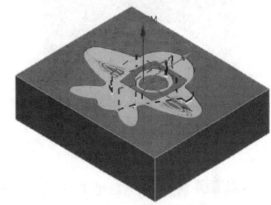

图 4-13　半精加工刀轨结果

　　➡️　将鼠标移至 🔧 ZL1刀具路径中，单击右键系统弹出快捷方式。

　　➡️　在快捷方式单击【复制】，接着将鼠标移至 🔳 MILL_F中，单击右键系统弹出快捷方式，然后单击【内部粘贴】选项，此时读者可以看到一个过时的刀具路径名 🚫🔧 ZL1_COPY；最后将 🚫🔧 ZL1_COPY更名为 🚫🔧 ZL2。

　　➡️　在 🚫🔧 ZL2对象中双击左键，系统弹出【深度加工轮廓】对话框。

　　步骤14　在【深度加工轮廓】对话框中设置如下参数。

（1）指定切削区域设置

　　➡️　在【指定切削区域】选项中单击图标 🔲 按钮，系统弹出【切削区域】对话框，接着 shift+鼠标左键取消上一步选择的加工区域，然后在作图区选择如图 4-14 所示的面为切削区域，其余参数按系统默认，单击 确定(O) 完成切削区域创建，并返回【深度加工轮廓】对话框。

（2）切削参数设置。

　　➡️　在【深度加工轮廓】对话框中单击【切削参数】图标 🔲 按钮，系统弹出【切削参数】对话框。

　　➡️　在【切削参数】对话框单击 余量 按钮，系统显余量选项。

　　➡️　在【余量】选项中勾选 ✅ 使底面余量与侧面余量一致，接着在【部件侧面余量】处输入 0，其余参数按系统默认，单击 确定 完成切削参数操作，同时系统返回【深度加工轮廓】对话框。

（3）进给率/转速参数设置

　　➡️　在【深度加工轮廓】对话框中单击【进给率和速度】图标➕按钮，系统弹出【进给】对话框。

　　➡️　在【主转速度】文本框中输入 4000。

　　➡️　在【切削】文本框中输入 1200，其余参数按系统默认，单击 确定 完成【进给和速度】的操作。

步骤15 精加工刀轨生成1。在【深度加工轮廓】对话框中单击图标 按钮，系统开始计算刀轨，计算后生成的刀轨如图4-15所示。

加工区域

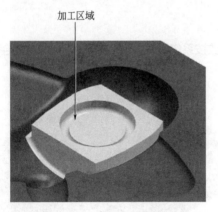  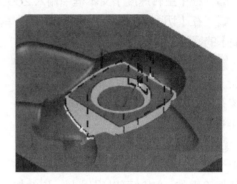

图4-14　切削区域选择结果　　　　　　　图4-15　精加工刀路1

步骤16 精加工刀轨创建 2。在【加工创建】工具栏中单击图标 按钮，系统弹出【创建操作】对话框。

- 在【类型】下拉列表中选择【mill_contour】选项。
- 在【操作子类型】选项卡中单击图标 按钮。
- 在【程序】下拉列表中选择【CAVITY】选项为程序名。
- 在【刀具】下拉列表中选择【R2】。
- 在【几何体】下拉列表中选择【WORKPIECE】选项。
- 在【方法】下拉列表中选择【MILL_F】选项。
- 在【名称】文本框中输入F1，单击 应用 ，系统弹出【固定轮廓铣】对话框。

步骤17 在【固定轮廓铣】对话框中设置如下参数。

（1）切削区域设置

- 在【指定切削区域】选项中单击图标 按钮，系统弹出【切削区域】对话框，接着在作图区选择如图4-16所示的面为切削区域，其余参数按系统默认，单击 确定(O) 完成切削区域操作，并返回【固定轮廓铣】对话框。

（2）驱动方法设置

- 在【驱动方式】下拉选项选取【区域铣削】选项，系统弹出【区域铣削驱动方法】对话框。
- 在【切削模式】下拉选项选取 跟随周边 选项。
- 在【切削方向】下拉选项选取【顺铣】选项。
- 在【步距】下拉选项选取【恒定】选项；在【距离】文本框中输入0.15。
- 在【步距已应用】下拉选项选取【在部件上】选项，其余参数按系统默认，单击 确定(O) 系统返回【固定轮廓铣】对话框。

（3）进给率/速度参数设置

- 在【固定轮廓铣】对话框中单击【进给率和速度】图标 按钮，系统弹出【进给】对话框。

🔲 在【主轴速度】文本框中输入 4000。

🔲 在【切削】文本框中输入 1350，其余参数按系统默认，单击 确定 完成【进给率和速度】的操作。

步骤18 精加工刀具路径生成 2。在【固定轮廓铣】对话框中单击生成图标 按钮，系统会开始计算刀具路径，计算完成后，单击 确定 完成精加工刀具路径操作，结果如图 4-17 所示。

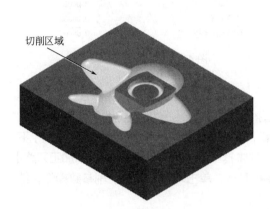

图 4-16 切削区域选择结果

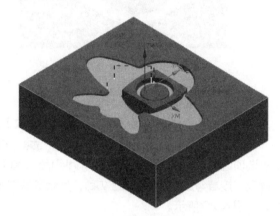

图 4-17 精加工刀路 2

如果加工比较深的腔体而低面又比较平缓时，则可以利用"陡峭"与"非陡峭"方法进行控制加工区域。

步骤19 精加工刀轨创建 3。在【加工创建】工具栏中单击图标 按钮，系统弹出【创建操作】对话框。

🔲 在【类型】下拉列表中选择【mill_planar】选项；在【子类型】选项卡中单击图标 按钮；在【程序】下拉列表中选择【cavity】选项为程序名。

🔲 在【刀具】下拉列表中选择【D16R0.4】；在【几何体】下拉列表中选择【WORKPIECE】选项；在【方法】下拉列表中选择【MILL_F】选项；在【名称】文本框中输入 FA1，单击进入【面铣】对话框。

步骤20 在【面铣】对话框中设置如下参数。

（1）在【面铣】对话框单击【指定面边界】图标 按钮，系统弹出【指定面几何体】对话框。

🔲 在【指定面几何体】单击图标 按钮，接着在作图区选择如图 4-18 所示的面为指定几何体，其余参数按系统默认，单击 确定 完成指定面边界操作，并返回【面铣】操作对话框。

（2）刀轨设置

🔲 在【切削参数】下拉选项选择【往复】选项。

🔲 在【步距】下拉选项选择【刀具平直百分比】选项。

🔲 在【平面直径百分比】文本框中输入 75。

🔲 在【毛坯距离】文本框中输入 3，结果如图 4-19 所示。

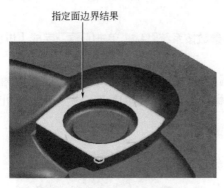

指定面边界结果

图 4-18　指定面几何边界选择结果

图 4-19　刀轨设置结果

（3）切削参数设置

➡ 在【面铣】对话框中单击【切削参数】图标 按钮，系统弹出【切削参数】对话框。

➡ 在【切削参数】对话框中单击 **策略** 按钮，系统显示相关选项；接着在【切削角】下拉选项选择【指定】选项；在【Angle from XC】文本框中输入 90；然后单击【精加工刀路】选项，接着勾选 **添加精加工刀路**，其余参数按系统默认，单击 **确定** 完成切削参数操作，结果如图 4-20 所示。

（4）非切削移动参数设置

➡ 在【面铣】对话框中单击【非切削移动】图标 按钮，系统弹出【非切削移动】对话框。

➡ 在【进刀类型】下拉选项选择【沿形状斜进刀】选项。

➡ 在【斜坡角】文本框中处输入 15。

➡ 在【高度】文本框中处输入 3mm，其余参数按系统默认，单击 **确定** 完成非切削移动参数操作，结果如图 4-21 所示。

图 4-20　切削参数设置结果

图 4-21　非切削参数设置结果

（5）进给率和速度参数设置

➡ 在【面铣】对话框中单击【进给率和速度】图标 按钮，系统弹出进给对话框，接着在【主转速度】文本框输入 3500，在【剪切】文本框中输入 1000，其余参数按系统默认，单

击 确定 完成进给和速度参数操作。

步骤 21　精加工刀具路径生成 3。在面铣参数设置对话框中单击生成图标 按钮，系统会开始计算刀具路径，计算完成后，单击 确定 完成精加工刀具路径操作，结果如图 4-22 所示。

步骤 22　依照步骤 19 至 21 的操作，完成精加工刀路 4 的创建，结果如图 4-23 所示。

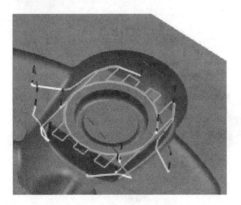 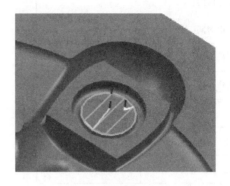

图 4-22　精加工刀路 3　　　　　　　　　　　　图 4-23　精加工刀路 4

步骤 23　刀具路轨验证　在操作导航器工具条中单击图标 按钮，此时操作导航器页面会显示为几何视图，接着单击 MCS 图标，此时加工操作工具条激活，然后在加工操作工具条中单击图标 按钮，系统弹出【刀轨可视化】对话框。

在【刀轨可视化】对话框中单击 2D 动态 按钮，接着再单击播放图标 按钮，系统会在作图出现仿真操作，结果如图 4-24 所示。

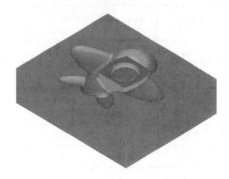

图 4-24　刀轨加工仿真结果

4.3　后模加工方案

4.3.1　工艺分析

（1）毛坯材料为国产 45 钢，毛坯尺寸为 300mm×250mm×85mm。

（2）产品形状过渡比较光顺，分型面和表面需要进行精加工。

（3）由于工件尺寸为立方体，需要去除的材料较多，因此首先可以采用型腔铣进行粗加工操作，并尽可能采用大刀进行加工，因此开粗可以选用 D30R5 飞刀进行开粗。

4.3.2　填写 CNC 加工程序单

（1）在立铣加工中心上加工，使用平口板进行装夹。

（2）加工坐标原点的设置：采用四面分中，X、Y 轴取在工件的中心；Z 轴取工件的最高顶平面。

（3）数控加工工艺及刀具选用如加工程序单所示。

模具名称： PF402 模号： Core402 操作员： 钟平福 编程员： 钟平福

计划时间：		描述：
实际时间：		
上机时间：		
下机时间：		
工作尺寸	单位：mm	
XC	300	
YC	250	
ZC	85	
工作数量： 1 件		四面分中

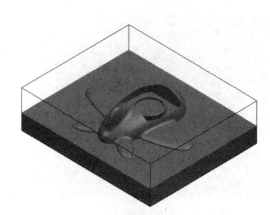

程序名称	加工类型	刀具直径/mm	加工深度/mm	加工余量/mm	主轴转速/（r/min）	切削进给/（mm/min）	备注
型腔	开粗	D30R5	−49.5	0.3	1800	2000	
剩余	开粗	D10	−49.5	0.3	2000	1200	
等高	半精	D10	−49.5	0.1	2500	1350	
等高	精修	D10	−49.5	0	3500	1200	
面铣	精修	D10	−49.5	0	3500	1200	
固定	精修	R3	−49.5	0	4000	1500	

4.4 数控编程操作步骤

步骤1 运行 NX8.0 软件。

步骤2 选择主菜单的【文件】|【打开】命令或单击工具栏图标 🖼 按钮，系统将弹出【打开部件文件】对话框，在此找到放置练习文件夹 ch4 并选择 core .prt 文件，单击 OK 进入 UG 加工界面，如图 4-25 所示。

步骤3 创建父节点。

（1）创建程序组。在【加工创建】工具栏中单击图标 🖼 按钮，系统弹出【创建程序】对话框，在【名称】文本框中输入 CORE，其余参数按系统默认，单击 确定 完成程序组的创建。

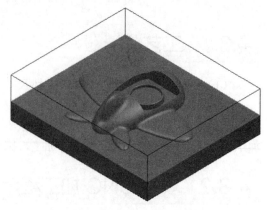

图 4-25 部件与毛坯对象

（2）创建刀具组。在【加工创建】工具栏中单击图标 按钮，系统弹出【创建刀具】对话框。

☞ 在【类型】下拉列表中选择【mill_contour】选项。

☞ 在【刀具子类型】选项卡中单击图标 按钮。

☞ 在【刀具】下拉列表中选择【GENGRIC_MACHINE】选项。

☞ 在【名称】文本框中输入 D30R5，单击 应用 进入【铣刀-5 参数】设置对话框。

☞ 在【直径】文本框中输入 30；在【底圆角半径】文本框中处输入 5。

☞ 【材料】为 CARBIDE（可点单击图标 进入设置刀具材料）；在【刀具号】文本框中输入 1；在【刀具补偿】文本框中输入 1。其余参数按系统默认，单击 确定 完成 1 号刀具的创建。

☞ 依照上述操作过程，完成 D10、R3 刀具的创建。

（3）创建几何体组。在【加工创建】工具栏中单击图标 按钮，系统弹出【创建几何体】对话框。

① 机床坐标系创建

☞ 在【类型】下拉列表中选择【mill_contour】选项。

☞ 在【几何体子类型】选卡中单击图标 按钮。

☞ 在【几何体】下拉列表中选择【GEOMETRY】。

☞ 【名称】处的几何节点按系统内定的名称【MCS】，接着单击 应用 进入系统弹出【MCS】对话框。

☞ 在【指定 MCS】处单击 （自动判断）然后在作图区选择毛坯顶面为 MCS 放置面，然后单击 确定 ，完成加工坐标系的创建，结果如图 4-26 所示。

② 工件创建

☞ 在【类型】下拉列表中选择【mill_contour】选项。

☞ 在【几何体子类型】选卡中单击图标 按钮。

☞ 在【几何体】下拉列表中选择【MCS】。

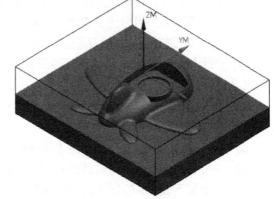

图 4-26　MCS 放置面

☞ 【名称】处的几何节点按系统默认的名称【WORKPIECE】，单击 确定 进入【工件】对话框。

☞ 在【指定部件】处单击图标 按钮，系统弹出【部件几何体】对话框；接着在作图区选取型腔为部件几何体，其余参数按系统默认，单击 确定 完成部件几何体操作，同时系统返回【工件】对话框。

☞ 在【指定毛坯】处单击图标 按钮，系统弹出【毛坯几何体】对话框，接着在作图区选取线框对象为毛坯几何体，其余参数按系统默认，单击 确定 完成毛坯几何体操作，同时系统返回【工件】对话框，再单击 确定 完成工件操作。

（4）创建方法。在【加工创建】工具栏中单击图标 按钮，系统弹出【创建方法】对话框。

■ 在【类型】下拉列表中选择【mill_contour】选项。在【方法子类型】单击图标

■ 在【方法】下拉列表中选择【METHOD】选项。在【名称】文本框中输入名称 MILL_R，单击 应用 系统弹出【模具粗加工 HSM】对话框；接着在【部件余量】文本框中输入 0.3，其余参数按系统默认，单击 确定 完成模具粗加工 HSM 操作。

■ 依照上述操作，依次创建 MILL_M（中加工）、MILL_F（精加工），其中半精加工的部件余量为 0.15；精加工部件余量为 0。

步骤 4 创建操作　在【加工创建】工具栏中单击图标 ▶ 按钮，系统弹出【创建工序】对话框。

■ 在【类型】下拉列表中选择【mill_contour】选项。

■ 在【工序子类型】选项卡中单击图标 按钮。

■ 在【程序】下拉列表中选择【CORE】选项为程序名。

■ 在【刀具】下拉列表中选择【D30R5】。

■ 在【几何体】下拉列表中选择【WORKPIECE】选项。

■ 在【方法】下拉列表中选择【MILL_R】选项。

■ 在【名称】文本框中输入 CA1，单击 应用 系统弹出【型腔铣】对话框。

步骤 5 在【型腔铣】对话框中设置如下参数。

（1）刀轨设置

■ 在【切削模式】下拉选项选择【跟随周边】选项。

■ 在【步距】下拉选项选择【刀具平直百分比】选项。

■ 在【平面直径百分比】文本中输入 70%。

■ 在【每刀的公共深度】下拉选项选择【恒定】，在【最大距离】文本框中输入 0.5，结果如图 4-27 所示。

（2）切削参数设置

■ 在【型腔铣】对话框中单击【切削参数】图标 按钮，系统弹出【切削参数】对话框。

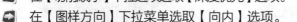

图 4-27　刀轨设置

■ 在【切削顺序】下拉选项选取【深度优先】选项。

■ 在【图样方向】下拉菜单选取【向内】选项。

■ 在壁 ∨ 下拉选项勾选 ☑岛清理，接着在【壁清理】下拉选项选取【自动】选项，如图 4-28 所示；然后在【切削参数】对话框单击 余量 按钮，系统显示相关余量选项，如图 4-29 所示。

■ 在余量下拉选项中去除 ☑使用"底部面和侧壁余量一致"勾选选项，在【部件底部面余量】处输入 0.1；其余参数按系统默认，单击 确定 完成切削参数操作，同时系统返回【型腔铣】对话框。

图 4-28　切削参数设置

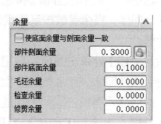

图 4-29　余量相关选项

（3）非切削移动参数设置

　　 在【型腔铣】对话框中单击【非切削移动】图标 按钮，系统弹出【非切削运动】对话框。

　　① 进刀封密区域参数设置

　　 在【进刀类型】下拉选项选取【螺旋】选项。

　　 在【直径】文本框中输入 90%。

　　 在【斜坡角】文本框中输入 15。

　　 在【高度】文本框中输入 3。

　　 在【最小安全距离】文本框中输入 1。

　　 在【最小斜面长度】文本框中输入 30。

　　② 进刀开放区域参数设置

　　 在【进刀类型】下拉选项选取【圆弧】选项。

　　 在【半径】文本框中输入 5mm，结果如图 4-30 所示。

　　③ 转移/快速参数设置

　　 在【非切削运动】对话框中单击 转移/快速 按钮，系统显示相关的转移/快速选项。

　　 在【安全设置选项】下拉选项选取【自动平面】选项。

　　 在【安全距离】文本框中输入 30。

　　 在【转移类型】下拉选项选取【安全距离-刀轴】。

　　 在【转移方式】下拉选项选取【进刀/退刀】

　　 在【转移类型】下拉选项选取【前一平面】。

　　 在【安全距离】文本框中输入 3，其余参数按系统默认，单击 确定 完成【非切削运动】参数设置，结果如图 4-31 所示，同时并返回【型腔铣】对话框。

图 4-30　进刀/退刀参数设置

图 4-31　转移/快速参数设置

（4）进给率与主轴转速参数设置

　　 在【型腔铣】对话框中单击【进给率和速度】图标 按钮，系统弹出【进给率和速度】对话框。

在【主转速度】文本框中输入 1600，接着在【切削】文本框中输入 2000，其余参数按系统默认，单击 确定 完成【进给率和速度】的参数设置。

步骤6 粗加工刀具路径生成 在【型腔铣】对话框中单击生成图标 按钮，系统会开始计算刀具路径，计算完成后，单击 确定 完成粗加工刀具路径操作，结果如图 4-32 所示。

步骤7 二次开粗加工创建 在【加工创建】工具栏中单击图标 按钮，系统弹出【创建操作】对话框。

在【类型】下拉列表中选取【mill_contour】选项。

在【子类型】选项卡中单击图标 按钮。

在【程序】下拉列表中选取【CORE】选项为程序名。

在【刀具】下拉列表中选取【D10】。

在【几何体】下拉列表中选取【WORKPIECE】选项。

在【方法】下拉列表中选取【MILL_R】选项。

【名称】一栏为默认的【RE_1】名称，单击 应用 进入【剩余铣】对话框，如图 4-33 所示。

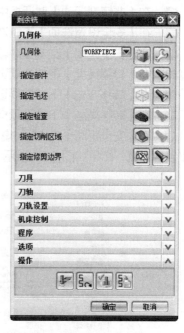

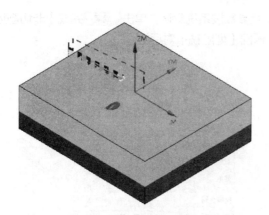

图 4-32 粗加工刀具路径

图 4-33 剩余铣

步骤8 在【剩余铣】对话框设置如下参数。

（1）刀轨设置

在【切削参数】下拉选项选取【跟随周边】选项。

在【步距】下拉选项选取【刀具平直百分比】选项。

在【平面直径百分比】文本框中输入 50%，在【每刀的公共深度】下拉选项选取【恒定】选项；接着在【最大距离】文本框中输入 0.5，结果如图 4-34 所示。

图 4-34 刀轨设置结果

（2）切削参数设置

⏩ 在【剩余铣】对话框中单击【切削参数】图标 按钮，系统弹出【切削参数】对话框。

⏩ 在【部件余量】文本框中输入 0.35，接着在【部件底部面余量】处输入 0.1，其余参数按系统默认，单击 确定 完成切削参数操作，并返回【剩余铣】对话框。

（3）进给率和速度参数设置

⏩ 在【剩余铣】对话框中单击【进给率和速度】图标 按钮，系统弹出【进给率和速度】对话框，接着在【主转速度】文本框输入 2000，在【剪切】文本框中输入 1200，其余参数按系统默认，单击 确定 完成进给率和速度参数操作。

步骤9 精加工底面刀具路径生成

在剩余铣参数设置对话框中单击生成图标 按钮，系统会开始计算刀具路径，计算完成后，单击 确定 完成型腔铣刀具路径操作，结果如图 4-35 所示。

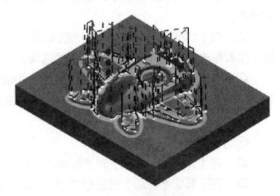

图 4-35 刀轨计算结果

1. 剩余铣操作过程是 UGNX6.0 新增的功能。

2. 在使用剩余铣操作时，用户所选的刀具必须要小于上一刀具直径，否则无法加工。

3. 在 UGNX6.0 中可以利用参考刀具选项完成二次开粗。

步骤10 半精加工创建

（1）加工创建 在【加工创建】工具条中单击图标 按钮，系统弹出【创建操作】对话框。

⏩ 在【类型】下拉列表中选择【mill_contour】选项。

⏩ 在【子类型】选项卡中单击图标 按钮。

⏩ 在【程序】下拉列表中选择【CORE】选项为程序名。

⏩ 在【刀具】下拉列表中选择【D10】。

⏩ 在【几何体】下拉列表中选择【WORKPIECE】选项。

⏩ 在【方法】下拉列表中选择【MILL_M】选项。

⏩ 在【名称】一栏指定为【ZL1】名称，单击 应用 ，进入【深度加工轮廓】对话框。

（2）深度加工轮廓切削区域设置

⏩ 在【指定切削区域】选项中单击图标 按钮，系统弹出【切削区域】对话框，接着在作图区选择型腔芯为切削区域，其余参数按系统默认，单击 确定(Q) 完成切削区域创建。

（3）深度加工轮廓刀轨设置

⏩ 在【陡峭空间范围】下拉选项选择【无】选项。

⏩ 在【合并距离】文本框中输入 3。

⏩ 在【最小切削深度】文本框中输入 1。

⏩ 在【距离】文本框中输入 0.3，结果如图 4-36 所示。

陡峭空间范围	无
合并距离	3.0000(mm
最小切削长度	1.0000(mm
每刀的公共深度	恒定
最大距离	0.3000(mm

图 4-36 刀轨设置

合并距离可以使用户通过连接不连贯的切削运动从而消除刀轨中小的不连续性或不希望出现的缝隙，因此在加工开放区域时，可以将合并距离设置大些。

（4）切削参数设置

⬛　在【深度加工轮廓】对话框中单击【切削参数】图标按钮，系统弹出【切削参数】对话框。

⬛　在【切削方向】下拉选项选取 混合 选项，在【切削顺序】下拉选项选取 始终深度优先 选项，接着单击 余量 按钮，系统显余量选项。

⬛　在【余量】选项中勾选 ☑使底面余量与侧面余量一致，接着在【部件侧面余量】处输入 0.1，其余参数按系统默认，单击 确定 完成切削参数操作，同时系统返回【深度加工轮廓】对话框。

（5）非切削移动参数设置

① 封密区域设置

⬛　在【深度加工轮廓】对话框中单击图标按钮，系统弹出【非切削移动】对话框。

⬛　在【非切削移动】对话框中单击 进刀 选项，接着在 进刀类型 下拉选项选取 螺旋 选项，然后在【直径】文本框中输入 90%。

⬛　在【斜坡角】文本框中输入 3。

⬛　在【最小安全距离】文本框中输入 1。

② 开放区域设置

⬛　在 进刀类型 下拉选项选取 圆弧 选项，接着在 半径 文本框中输入 3mm；设置结果如图 4-37 所示。然后在【非切削移动】对话框中单击 转移/快速 选项，系统显示相关 转移/快速 选项。

③ 转移/快速选项设置

⬛　在 安全设置选项 选取 自动平面 选项，在【安全距离】文本框中输入 30；在 区域之间 下拉选项中将 传递类型 选项设置为 安全距离 - 刀轴 。

⬛　在 区域内 下拉选项中将 传递使用 选项设置为 进刀/退刀 ，在 转移类型 选项设置为 前一平面 ，最后在 安全距离 文本框中输入 5，如图 4-38 所示，其余参数按系统默认，单击 确定 完成非切削移动，并返回【深度加工轮廓】对话框。

图 4-37　进/退刀参数设置结果

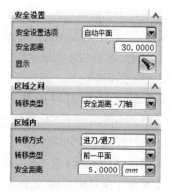

图 4-38　转移/快速参数设置结果

（6）进给率/转速参数设置

➡ 在【深度加工轮廓】对话框中单击【进给率和速度】图标🔧按钮，系统弹出【进给】对话框。

➡ 在【主转速度】文本框中输入 2500。

➡ 在【切削】文本框中输入 1200，其余参数按系统默认，单击 确定 完成【进给率和速度】的操作。

步骤11 半精加工刀轨生成 在【深度加工轮廓】对话框中单击图标🖳按钮，系统开始计算刀轨，计算后生成的刀轨如图 4-39 所示。

步骤12 平面精修加工刀轨创建 在【加工创建】工具栏中单击图标👉 按钮，系统弹出【创建操作】对话框。

➡ 在【类型】下拉列表中选择【mill_planar】选项；在【子类型】选项卡中单击图标🖳按钮；在【程序】下拉列表中选择【CORE】选项为程序名。

➡ 在【刀具】下拉列表中选择【D10】；在【几何体】下拉列表中选择【WORKPIECE】选项；在【方法】下拉列表中选择【MILL_F】选项；在【名称】文本框中输入 FA1，单击进入【面铣】对话框。

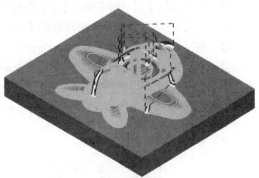

图 4-39 半精加工刀轨结果

步骤13 在【面铣】对话框中设置如下参数。

（1）在【面铣】对话框单击【指定面边界】图标🖳按钮，系统弹出【指定面几何体】对话框。

➡ 在【指定面几何体】单击图标🖳按钮，接着在作图区选择图 4-40 所示的面为指定几何体，其余参数按系统默认，单击 确定 完成指定面边界操作，并返回【面铣】操作对话框。

（2）刀轨设置

➡ 在【切削参数】下拉选项选择【往复】选项。

➡ 在【步距】下拉选项选择【刀具平直百分比】选项。

➡ 在【平面直径百分比】文本框中输入 75mm。

➡ 在【毛坯距离】文本框中输入 3，结果如图 4-41 所示。

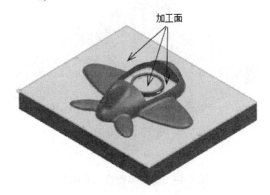

加工面

图 4-40 指定面几何边界选择结果

切削模式	⊟ 往复
步距	刀具平直百分比
平面直径百分比	75.00000
毛坯距离	3.00000
每刀深度	0.00000
最终底面余量	0.00000

图 4-41 刀轨设置结果

（3）切削参数设置

⇨ 在【面铣】对话框中单击【切削参数】图标 按钮，系统弹出【切削参数】对话框。

⇨ 在【切削参数】对话框中单击 策略 按钮，系统显示相关选项；接着在【切削角】下拉选项选择【指定】选项；在【Angle from XC】文本框中输入 0；然后单击【精加工刀路】选项，接着勾选 ☑添加精加工刀路，其余参数按系统默认，单击 确定 完成切削参数操作，结果如图 4-42 所示。

（4）非切削移动参数设置

⇨ 在【面铣】对话框中单击【非切削移动】图标 按钮，系统弹出【非切削移动】对话框。

⇨ 在【进刀类型】下拉选项选择【插铣】选项。

⇨ 在【高度】文本框中处输入 3mm。

⇨ 在【非切削移动】对话框中单击 传递/快速 按钮，系统显示相关选项；接着在【安全设置选项】下拉选项中选择【自动】选项，在【安全距离】文本框中输入 30，其余参数按系统默认，单击 确定 完成非切削移动参数操作，结果如图 4-43 所示。

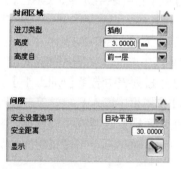

图 4-42 切削参数设置结果　　图 4-43 非切削参数设置结果

（5）进给率和速度参数设置

⇨ 在【面铣】对话框中单击【进给率和速度】图标 按钮，系统弹出【进给】对话框，接着在【主转速度】文本框输入 3500，在【剪切】文本框中输入 1000，其余参数按系统默认，单击 确定 完成【进给率和速度】参数操作。

步骤14 精加工平面刀具路径生成 在面铣参数设置对话框中单击生成图标 按钮，系统会开始计算刀具路径，计算完成后，单击 确定 完成精加工刀具路径操作，结果如图 4-44 所示。

步骤15 精加工刀轨创建 1。

（1）加工创建 在【加工创建】工具条中单击图标 按钮，系统弹出【创建操作】对话框。

⇨ 在【类型】下拉列表中选择【mill_contour】选项。

⇨ 在【子类型】选项卡中单击图标 按钮。

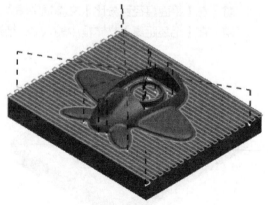

图 4-44 分型面精修刀轨结果

- 在【程序】下拉列表中选择【CAVITY】选项为程序名。
- 在【刀具】下拉列表中选择【D10】。
- 在【几何体】下拉列表中选择【WORKPIECE】选项。
- 在【方法】下拉列表中选择【MILL_F】选项。
- 在【名称】一栏为指定为【ZL2】名称，单击 应用 ，进入【深度加工拐角】对话框。

（2）深度加工拐角切削区域设置

- 在【指定切削区域】选项中单击图标 按钮，系统弹出【切削区域】对话框，接着在作图区选择型芯面为切削区域，其余参数按系统默认，单击 确定(0) 完成切削区域创建。

（3）深度加工轮廓刀轨设置

- 在【陡峭空间范围】下拉选项选择【仅陡峭的】选项。
- 在【角度】文本框中输入 45。
- 在【合并距离】文本框中输入 3。
- 在【最小切削深度】文本框中输入 1。
- 在【距离】文本框中输入 0.15，结果如图 4-45 所示。

陡峭空间范围	仅陡峭的 ▼
角度	45.00000
合并距离	3.00000 mm ▼
最小切削长度	1.00000 mm ▼
每刀的公共深度	恒定 ▼
最大距离	0.15000 mm ▼

图 4-45　刀轨设置

（4）深度加工拐角轮廓切削参数设置

- 在【深度加工拐角】对话框中单击【切削参数】图标 按钮，系统弹出【切削参数】对话框。
- 在【切削方向】下拉选项选取 混合▼ 选项，在【切削顺序】下拉选项选取 始终深度优先▼ 选项，接着单击 余量 按钮，系统显余量选项。
- 在【余量】选项中勾选 ☑ 使底面余量与侧面余量一致，接着在【部件侧面余量】处输入 0，其余参数按系统默认，单击 确定 完成切削参数操作，同时系统返回【深度加工拐角】对话框。

（5）深度加工拐角非切削移动参数设置

① 封密区域设置

- 在【深度加工轮廓】对话框中单击图标 按钮，系统弹出【非切削移动】对话框。
- 在【非切削移动】对话框中单击 进刀 选项，接着在进刀类型下拉选项选取 螺旋▼ 选项，然后在直径文本框中输入 65；在最小安全距离文本框中输入 1。

② 开放区域设置

- 在进刀类型下拉选项选取 圆弧▼ 选项，接着在半径文本框中输入 3；然后在【非切削移动】对话框中单击 转移/快速 选项，系统显示相关 转移/快速 选项。

③ 转移/快速选项设置

- 在安全设置选项选取 自动平面▼ 选项，在【安全距离】文本框中输入 30；在 区域之间 ▼ 下拉选项中将传递类型选项设置为 安全距离 - 刀轴 ▼ 。
- 在 区域内 ▲ 下拉选项中将传递使用选项设置为 抬刀和插削 ▼ ，接着在抬刀/插削高度文本框中输入 5；然后在传递类型选项设置为 前一平面▼ ，最后在安全距离文本框中输入 5，如图 4-46 所示，其余参数按系统默认，单击 确定 完成非切削移动，并返回【深度加工轮廓】对话框。

（6）进给率/转速参数设置

- 在【深度加工轮廓】对话框中单击【进给率和速度】图标 按钮，系统弹出【进给】

对话框。

🔲　在【主转速度】文本框中输入 3500。

🔲　在【切削】文本框中输入 1200，其余参数按系统默认，单击 确定 完成【进给率和速度】的操作。

步骤16　精加工刀轨生成　在【深度加工拐角】对话框中单击图标 按钮，系统开始计算刀轨，计算后生成的刀轨如图 4-47 所示。

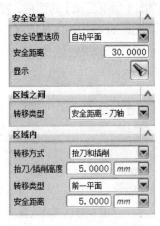

图 4-46　转移/快速选项

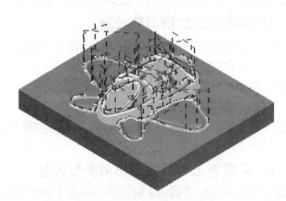

图 4-47　精加工刀轨 1 结果

步骤17　精加工刀轨创建 2。在【加工创建】工具栏中单击图标 按钮，系统弹出【创建操作】对话框。

🔲　在【类型】下拉列表中选择【mill_contour】选项。

🔲　在【操作子类型】选项卡中单击图标 按钮。

🔲　在【程序】下拉列表中选择【CAVITY】选项为程序名。

🔲　在【刀具】下拉列表中选择【R3】。

🔲　在【几何体】下拉列表中选择【WORKPIECE】选项。

🔲　在【方法】下拉列表中选择【MILL_F】选项。

🔲　在【名称】文本框中输入 F1，单击 应用 ，系统弹出【固定轮廓铣】对话框。

步骤18　在固定轮廓铣对话框中设置如下参数。

（1）切削区域设置

🔲　在【指定切削区域】选项中单击图标 按钮，系统弹出【切削区域】对话框，接着在作图区选择型腔芯为切削区域，单击 确定(O) 完成切削区域操作，并返回【固定轮廓铣】对话框。

（2）驱动方法设置

🔲　在【驱动方式】下拉选项选取【区域铣削】选项，系统弹出【区域铣削驱动方法】对话框。

🔲　在【方向】下拉选项选取 非陡峭 选项。

🔲　在【陡角】文本框中输入 65。

🔲　在【切削方向】下拉选项选取【顺铣】选项。

在【步距】下拉选项选取【恒定】选项；在【距离】文本框中输入 0.15。

在【步距已应用】下拉选项选取【在平面上】选项；在【切削角】下拉选项选取【指定】选项，接着在【Angle from XC】文本框中输入 45，其余参数按系统默认，单击 确定(O) 系统返回【固定轮廓铣】对话框。

（3）进给率/速度参数设置

在【固定轮廓铣】对话框中单击【进给率和速度】图标按钮，系统弹出【进给】对话框。

在【主轴速度】文本框中输入 3500。

在【切削】文本框中输入 1350，其余参数按系统默认，单击 确定 完成【进给率和速度】的操作。

步骤19　精加工 2 刀具路径生成　在【固定轮廓铣】对话框中单击生成图标按钮，系统会开始计算刀具路径，计算完成后，单击 确定 完成精加工刀具路径操作，结果如图 4-48 所示。

如果加工比较深的腔体而低面又比较平缓时，则可以利用"陡峭"与"非陡峭"方法进行控制加工区域。

步骤20　刀具路轨验证　在操作导航器工具条中单击图标按钮，此时操作导航器页面会显示为几何视图，接着单击 MCS图标，此时加工操作工具条激活，然后在加工操作工具条中单击图标按钮，系统弹出【刀轨可视化】对话框。

在【刀轨可视化】对话框中单击 2D 动态 按钮，接着再单击播放图标按钮，系统会在作图出现仿真操作，结果如图 4-49 所示。

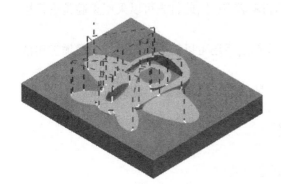

图 4-48　精加工刀轨 2 结果

图 4-49　刀轨加工仿真结果

第5章

头盔数控加工案例剖析

本章主要知识点 »

- 前模加工方法
- 前模加工注意点
- 后模加工方法
- 后模加工注意点

5.1 前模加工方案

5.1.1 工艺分析

（1）毛坯材料为 45 钢，毛坯尺寸为 450mm×350mm×180mm。

（2）由于工件尺寸为立方体，需要去除的材料较多，因此首先可以采用型腔铣进行粗加工操作，并尽可能采用大刀进行加工。

（3）因型腔表面没有其他结构，在大刀开完粗之后还可以利用大刀进行半精加工和精加工。

（4）由于加工深度为 140mm，因此在刀具装夹时应该注意刀具的伸出量。

5.1.2 填写 CNC 加工程序单

（1）在立式加工中心上加工，使用工艺板进行装夹。

（2）加工坐标原点的设置：采用四面分中，X、Y 轴取在工件的中心；Z 轴取工件的最高顶平面。

（3）数控加工工艺及刀具选用如加工程序单所示。

| 模具名称： | PF501 | 模号： | Cavity501 | 操作员： | 钟平福 | 编程员： | 钟平福 |

计划时间：		描述：
实际时间：		
上机时间：		
下机时间：		

工作尺寸	单位：mm
XC	450
YC	350
ZC	180

| 工作数量： | 1　件 |

四面分中

程序名称	加工类型	刀具直径/ mm	加工深度/ mm	加工余量/ mm	主轴转速/ （r/min）	切削进给/ （mm/min）	备注
型腔	开粗	D50R2	−140	0.35	1200	2000	
型腔	开粗	D20	−140	0.35	2000	1500	
等高	半精	D20	−140	0.1	3500	1200	
等高	精修	D20	−140	0	4000	1200	
固定	精修	R8	−140	0	4500	1500	

5.2　数控编程操作步骤

步骤 1　运行 NX8.0 软件。

步骤 2　选择主菜单的【文件】|【打开】命令或单击工具栏图标 按钮，系统将弹出【打开部件文件】对话框，在此找到放置练习文件夹 ch5 并选择 cavity.prt 文件，单击 进入 UG 加工界面，如图 5-1 所示。

步骤 3　创建父节点。

（1）创建程序组。在【加工创建】工具栏中单击图标 按钮，系统弹出【创建程序】对话框。

　　　在【类型】下拉列表中选择【mill_contour】选项。

　　　在【程序】下拉列表中选择【NC_PROGRAM】。

　　　在【名称】处输入名称【cavity】，单击 完成程序组操作。

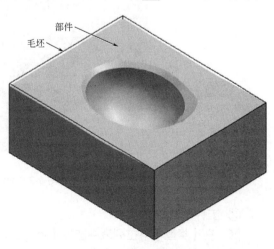

图 5-1　部件与毛坯对象

　　（2）创建刀具组。在【加工创建】工具栏中单击图标 按钮，系统弹出【创建刀具】对话框。

　　 在【类型】下拉列表中选择【mill_contour】选项；在【刀具子类型】选项卡中单击图标 按钮。

　　 在【刀具】下拉列表中选择【GENGRIC_MACHINE】选项。

　　 在【名称】文本框中输入 D50R2，单击 应用 进入【铣刀-5 参数】设置对话框。

　　 在【直径】文本框中输入 50。

　　 在【下半径】文本框中输入 2。

　　 【材料】为 CARBIDE（可点单击图标 进入设置刀具材料）。

　　 【刀具号】文本框中输入 1；【刀具补偿】文本框中输入 1，其余参数按系统默认，单击 确定 按钮完成 1 号刀具创建。

　　 依照上述操作过程，完成 D20、R8 刀具的创建。

　　（3）创建几何体组。在【加工创建】工具栏中单击图标 按钮，系统弹出【创建几何体】对话框。

　　① 机床坐标系创建

　　 在【类型】下拉列表中选择【mill_contour】选项。

　　 在【几何体子类型】选卡中单击图标 按钮。

　　 在【几何体】下拉列表中选择【GEOMETRY】。

　　 【名称】处的几何节点按系统内定的名称【MCS】，接着单击 应用 进入系统弹出【MCS】对话框。

　　 在【指定 MCS】处单击 （自动判断）然后在作图区选择毛坯顶面为 MCS 放置面，然后单击 确定 ，完成加工坐标系的创建，结果如图 5-2 所示。

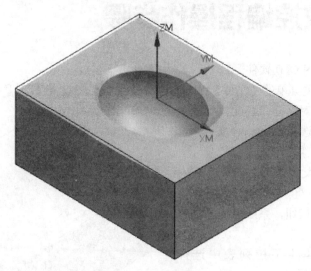

图 5-2　MCS 放置面

　　② 工件创建

　　 在【类型】下拉列表中选择【mill_contour】选项。

　　 在【几何体子类型】选卡中单击图标 按钮。

⏩ 在【几何体】下拉列表中选择【MCS】。

⏩ 【名称】处的几何节点按系统内定的名称【WORKPIECE】，单击 确定 进入【工件】对话框。

⏩ 在【指定部件】处单击图标 按钮，系统弹出【部件几何体】对话框，接着在作图区选取型腔为部件几何体，其余参数按系统默认，单击 确定 完成部件几何体操作，同时系统返回【工件】对话框。

⏩ 在【指定毛坯】处单击图标 按钮，系统弹出【毛坯几何体】对话框，接着在作图区选取线框对象为毛坯几何体，其余参数按系统默认，单击 确定 完成毛坯几何体操作，同时系统返回【工件】对话框，再单击 确定 完成工件操作。

（4）创建方法。在【加工创建】工具栏中单击图标 按钮，系统弹出【创建方法】对话框。

⏩ 在【类型】下拉列表中选择【mill_contour】选项。

⏩ 在【方法子类型】单击图标 按钮。

⏩ 在【方法】下拉列表中选择【METHOD】选项。

⏩ 在【名称】文本框中输入名称 MILL_R，单击 应用 ，系统弹出【模具粗加工 HSM】对话框；接着在【部件余量】文本框中输入 0.3，其余参数按系统默认，单击 确定 完成模具粗加工 HSM 操作。

⏩ 依照上述操作，依次创建 MILL_M（中加工）、MILL_F（精加工），其中中加工的部件余量为 0.15；精加工部件余量为 0。

步骤4　创建操作　在【加工创建】工具栏中单击图标 按钮，系统弹出【创建工序】对话框。

⏩ 在【类型】下拉列表中选择【mill_contour】选项。

⏩ 在【工序子类型】选项卡中单击图标 按钮。

⏩ 在【程序】下拉列表中选择【CAVITY】选项为程序名。

⏩ 在【刀具】下拉列表中选择【D50R2】。

⏩ 在【几何体】下拉列表中选择【WORKPIECE】选项。

⏩ 在【方法】下拉列表中选择【MILL_R】选项。

⏩ 在【名称】文本框中输入 CA1，单击 应用 ，系统弹出【型腔铣】对话框。

步骤5　在【型腔铣】对话框中设置如下参数。

（1）刀轨设置

⏩ 在【切削模式】下拉选项选择【跟随周边】选项。

⏩ 在【步距】下拉选项选择【刀具平直百分比】选项。

⏩ 在【平面直径百分比】文本中输入 70%。

⏩ 在【每刀的公共深度】下拉选项选择【恒定】，在【最大距离】文本框中输入 0.5，结果如图 5-3 所示。

（2）切削参数设置

⏩ 在【型腔铣】对话框中单击【切削参数】图标 按钮，系统弹出【切削参数】对话框。

⏩ 在【切削顺序】下拉选项选取【深度优先】选项。

⏩ 在【图样方向】下拉菜单选取【向内】选项。

图 5-3　刀轨设置

📄 在【壁 ∨】下拉选项勾选 ☑岛清理，接着在【壁清理】下拉选项选取【自动】选项，如图 5-4 所示；然后在【切削参数】对话框单击 余量 按钮，系统显示相关余量选项，如图 5-5 所示。

📄 在余量下拉选项中去除 ☑使用"底部面和侧壁余量一致"勾选选项，在【部件底部面余量】处输入 0.1；其余参数按系统默认，单击 确定 完成切削参数操作，同时系统返回【型腔铣】对话框。

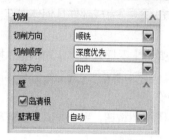

图 5-4 切削参数设置

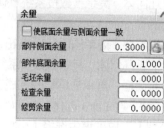

图 5-5 余量相关选项

（3）非切削移动参数设置

📄 在【型腔铣】对话框中单击【非切削移动】图标 按钮，系统弹出【非切削运动】对话框。

① 进刀封密区域参数设置

📄 在【进刀类型】下拉选项选取【螺旋】选项。

📄 在【直径】文本框中输入 90%。

📄 在【斜坡角】文本框中输入 15。

📄 在【高度】文本框中输入 3。

📄 在【最小安全距离】文本框中输入 1。

📄 在【最小斜面长度】文本框中输入 10。

② 进刀开放区域参数设置

📄 在【进刀类型】下拉选项选取【圆弧】选项。

📄 在【半径】文本框中输入 5mm，结果如图 5-6 所示。

③ 转移/快速参数设置

📄 在【非切削运动】对话框中单击 转移/快速 按钮，系统显示相关的转移/快速选项。

📄 在【安全设置选项】下拉选项选取【自动平面】选项。

📄 在【安全距离】文本框中输入 30。

📄 在【转移类型】下拉选项选取【安全距离-刀轴】。

📄 在【转移方式】下拉选项选取【进刀/退刀】。

📄 在【转移类型】下拉选项选取【前一平面】。

📄 在【安全距离】文本框中输入 3，其余参数按系统默认，单击 确定 完成【非切削运动】参数设置，结果如图 5-7 所示，同时并返回【型腔铣】对话框。

（4）进给率与主轴转速参数设置

📄 在【型腔铣】对话框中单击【进给率和速度】图标 按钮，系统弹出【进给率和速度】对话框。

📄 在【主转速度】文本框中输入 1200，接着在【切削】文本框中输入 2000，其余参数按系统默认，单击 确定 完成【进给率和速度】的参数设置。

图 5-6　进刀/退刀参数设置　　　　图 5-7　转移/快速参数设置

步骤6 粗加工刀具路径生成　在【型腔铣】对话框中单击生成图标按钮，系统会开始计算刀具路径，计算完成后，单击 确定 完成粗加工刀具路径操作，结果如图 5-8 所示。

步骤7 二次粗加工操作　因为都是开粗操作过程，因此只要将前面的刀具路径进行复制，接着重新选取一把新刀具即可。

单击 MILL_R前面的+，读者会看到名为 CA1的刀具路径。

将鼠标移至 CA1刀具路径中，单击右键系统弹出快捷方式。

在快捷方式单击【复制】，接着将鼠标移至 MILL_R中，单击右键系统弹出快捷方式，然后单击【内部粘贴】选项，此时读者可以看到一个过时的刀具路径名 CA1_COPY；最后将 CA1_COPY更名为 CA2。

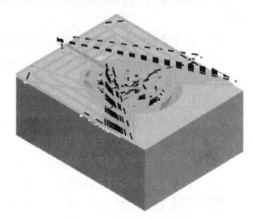

图 5-8　粗加工刀具路径

在 CA2对象中双击左键，系统弹出【型腔铣】对话框。

步骤8 在【型腔铣】对话框中设置如下参数。

在【刀具】下拉选项选取 D20（铣刀-5 选项。

接着在【型腔铣】对话框中单击【切削参数】图标按钮，系统弹出【切削参数】对话框。

在【切削参数】对话框中单击 空间范围 按钮，系统显示相关选项，单击【毛坯】卷展栏选项；接着在【修剪由】下拉选项选择 轮廓线 选项；在【处理中的工件】下拉选项选择 使用基于层的 选项，其余参数按系统默认，单击 确定 完成【切削参数】设置，同时系统返回【型腔铣】对话框。

在【型腔铣】对话框中单击【进给率和速度】图标按钮，系统弹出【进给】对话框。

在【主转速度】文本框中输入 1200。

在【切削】文本框中输入 1800，其余参数按系统默认，单击 确定 完成【进给率和速度】的操作。

1. 参考刀具是 UGNX5.0 新增功能，主要用于二次开粗。也就是说，当第一把刀加工完一个区域后，如果还有小区域的余量较多时，则要二次开粗，那么此时就要利用参考刀具功能。

2. 二次开粗也可以采用作者编写的《UG NX 数控加工自动编程入门与技巧 100 例》书中的第 5 章实例 2 方法进行加工，实例 2 中的方法是 NX6.0 新增功能。

3. 除了使用上面方法外，也可以使用本例的方法，完成二次开粗加工。

步骤 9 二次开粗刀具路径生成 在【型腔铣】对话框中单击生成图标 按钮，系统会开始计算刀具路径，计算完成后，单击 确定 完成中加工刀具路径操作，结果如图 5-9 所示。

步骤 10 半精加工创建 在【加工创建】工具条中单击图标 按钮，系统弹出【创建操作】对话框。

在【类型】下拉列表中选择【mill_ contour】选项。

图 5-9 二次开粗刀具路径

☐ 在【子类型】选项卡中单击图标 按钮。

☐ 在【程序】下拉列表中选择【CAVITY】选项为程序名。

☐ 在【刀具】下拉列表中选择【D20】。

☐ 在【几何体】下拉列表中选择【WORKPIECE】选项。

☐ 在【方法】下拉列表中选择【MILL_M】选项。

☐ 【名称】一栏为默认的【ZL1】名称，单击 应用，进入【深度加工轮廓】对话框。

步骤 11 【深度加工轮廓】对话框参数设置。

（1）指定切削区域设置

☐ 在【指定切削区域】选项中单击图标 按钮，系统弹出【切削区域】对话框，接着在作图区选择型腔面为切削区域，其余参数按系统默认，单击 确定(0) 完成切削区域创建。

（2）刀轨设置

☐ 在【陡峭空间范围】下拉选项选择【无】选项。

☐ 在【合并距离】文本框中输入 3。

☐ 在【最小切削长度】文本框中输入 1。

☐ 在【每刀的公共深度】文本框中输入 恒定。

☐ 在【距离】文本框中输入 0.35，结果如图 5-10 所示。

陡峭空间范围	无
合并距离	3.0000 mm
最小切削长度	1.0000 mm
每刀的公共深度	恒定
最大距离	0.3500 mm

图 5-10 刀轨设置

合并距离可以使用户通过连接不连贯的切削运动从而消除刀轨中小的不连续性或不希望出现的缝隙，因此在加工开放区域时，可以将合并距离设置大些。

（3）切削参数设置

在【深度加工轮廓】对话框中单击【切削参数】图标按钮，系统弹出【切削参数】对话框。

在【切削方向】下拉选项选取 混合 选项，在【切削顺序】下拉选项选取 始终深度优先 选项，接着单击 余量 按钮，系统显余量选项。

在【余量】选项中勾选 使底面余量与侧面余量一致，接着在【部件侧面余量】处输入0.1，其余参数按系统默认，单击 确定 完成切削参数操作，同时系统返回【深度加工轮廓】对话框。

（4）非切削移动参数设置

① 封密区域设置

在【深度加工轮廓】对话框中单击图标按钮，系统弹出【非切削移动】对话框。

在【非切削移动】对话框中单击 进刀 选项，接着在进刀类型下拉选项选取 螺旋 选项，然后在【直径】文本框中输入 65%。

在【斜坡角】文本框中输入 3。

在【最小安全距离】文本框中输入 1。

② 开放区域设置

在进刀类型下拉选项选取 圆弧 选项，接着在半径文本框中输入 3mm；设置结果如图5-11 所示。然后在【非切削移动】对话框中单击 转移/快速 选项，系统显示相关 转移/快速 选项。

③ 转移/快速选项设置

在安全设置选项选取 自动平面 选项，在【安全距离】文本框中输入 30；在 区域之间 下拉选项中将传递类型选项设置为 安全距离 - 刀轴 。

在 区域内 下拉选项中将传递使用选项设置为 抬刀和插削 ，接着在抬刀/插削高度文本框中输入 5；然后在传递类型选项设置为 前一平面 ，最后在安全距离文本框中输入 5，如图 5-12所示，其余参数按系统默认，单击 确定 完成非切削移动，并返回【深度加工轮廓】对话框。

图 5-11　进/退刀参数设置结果

图 5-12　转移/快速参数设置结果

（5）进给率/转速参数设置

在【深度加工轮廓】对话框中单击【进给率和速度】图标按钮，系统弹出【进给】

对话框。

⟹　在【主转速度】文本框中输入 2500。

⟹　在【切削】文本框中输入 1200，其余参数按系统默认，单击 确定 完成【进给率和速度】的操作。

步骤 12　半精加工刀轨生成　在【深度加工轮廓】对话框中单击图标 按钮，系统开始计算刀轨，计算后生成的刀轨如图 5-13 所示。

步骤 13　精加工刀轨创建 1　因上一步半精加工完成后，需要对局部区域进行精加工操作，同时可以采用上一步的加工方法进行完成精加工操作，因此只要将前面的刀具路径进行复制即可。

⟹　单击⊕ MILL_M前面的+，读者会看到名为 ZL1的刀具路径。

⟹　将鼠标移至 ZL1刀具路径中，单击右键系统弹出快捷方式。

图 5-13　半精加工刀轨结果

⟹　在快捷方式单击【复制】，接着将鼠标移至 MILL_F中，单击右键系统弹出快捷方式，然后单击【内部粘贴】选项，此时读者可以看到一个过时的刀具路径名 ZL1_COPY；最后将 ZL1_COPY更名为 ZL2。

⟹　在 ZL2对象中双击左键，系统弹出【深度加工轮廓】对话框。

步骤 14　在【深度加工轮廓】对话框中设置如下参数。

（1）切削参数设置

⟹　在【深度加工轮廓】对话框中单击【切削参数】图标 按钮，系统弹出【切削参数】对话框。

⟹　在【切削参数】对话框单击 余量 按钮，系统显余量选项。

⟹　在【余量】选项中勾选☑使底面余量与侧面余量一致，接着在【部件侧面余量】处输入 0，其余参数按系统默认，单击 确定 完成切削参数操作，同时系统返回【深度加工轮廓】对话框。

（2）进给率/转速参数设置

⟹　在【深度加工轮廓】对话框中单击【进给率和速度】图标 按钮，系统弹出【进给】对话框。

⟹　在【主转速度】文本框中输入 4000。

⟹　在【切削】文本框中输入 1200，其余参数按系统默认，单击 确定 完成【进给率和速度】的操作。

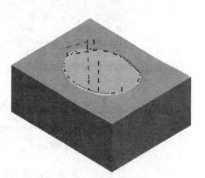

步骤 15　精加工刀轨生成 1。在【深度加工轮廓】对话框中单击图标 按钮，系统开始计算刀轨，计算后生成的刀轨如图 5-14 所示。

步骤 16　精加工刀轨创建 2。在【加工创建】工具栏中单击图标 按钮，系统弹出【创建操作】对话框。

⟹　在【类型】下拉列表中选择【mill_contour】选项。

⟹　在【操作子类型】选项卡中单击图标 按钮。

⟹　在【程序】下拉列表中选择【CAVITY】选项为程序名。

图 5-14　精加工刀路 1

🔁　在【刀具】下拉列表中选择【R8】。

🔁　在【几何体】下拉列表中选择【WORKPIECE】选项。

🔁　在【方法】下拉列表中选择【MILL_F】选项。

🔁　在【名称】文本框中输入 F1，单击 应用 ，系统弹出【固定轮廓铣】对话框。

步骤 17　在【固定轮廓铣】对话框中设置如下参数。

（1）切削区域设置

🔁　在【指定切削区域】选项中单击图标 🔳 按钮，系统弹出【切削区域】对话框，接着在作图区选择如图 5-15 所示的面为切削区域，其余参数按系统默认，单击 确定(0) 完成切削区域操作，并返回【固定轮廓铣】对话框。

（2）驱动方法设置

🔁　在【驱动方式】下拉选项选取【区域铣削】选项，系统弹出【区域铣削驱动方法】对话框。

🔁　在【切削模式】下拉选项选取 跟随周边 选项。

🔁　在【切削方向】下拉选项选取【顺铣】选项。

🔁　在【步距】下拉选项选取【恒定】选项；在【距离】文本框中输入 0.15。

🔁　在【步距已应用】下拉选项选取【在部件上】选项，其余参数按系统默认，单击 确定(0) 系统返回【固定轮廓铣】对话框。

（3）进给率/速度参数设置

🔁　在【固定轮廓铣】对话框中单击【进给率和速度】图标 🔳 按钮，系统弹出【进给】对话框。

🔁　在【主轴速度】文本框中输入 4500。

🔁　在【切削】文本框中输入 1500，其余参数按系统默认，单击 确定 完成【进给率和速度】的操作。

步骤 18　精加工刀具路径生成 2。在【固定轮廓铣】对话框中单击生成图标 🔳 按钮，系统会开始计算刀具路径，计算完成后，单击 确定 完成精加工刀具路径操作，结果如图 5-16 所示。

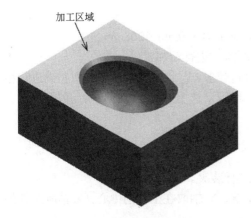

图 5-15　切削区域选择结果

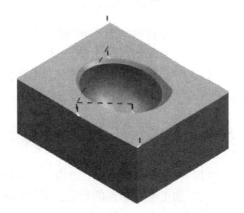

图 5-16　精加工刀路 2

如果加工比较深的腔体而低面又比较平缓时，则可以利用"陡峭"与"非陡峭"方法进行控制加工区域。

步骤19 刀具路轨验证 在操作导航器工具条中单击图标 按钮，此时操作导航器页面会显示为几何视图，接着单击 MCS图标，此时加工操作工具条激活，然后在加工操作工具条中单击图标 按钮，系统弹出【刀轨可视化】对话框。

在【刀轨可视化】对话框中单击 2D 动态 按钮，接着再单击播放图标 按钮，系统会在作图出现仿真操作，结果如图 5-17 所示。

图 5-17 刀轨加工仿真结果

5.3 后模加工方案

5.3.1 工艺分析

（1）毛坯材料为国产 45 钢，毛坯尺寸为 450mm×350mm×208mm。

（2）产品形状过渡比较光顺，分型面和表面需要进行精加工。

（3）由于工件尺寸为立方体，需要去除的材料较多，因此首先可以采用型腔铣进行粗加工操作，并尽可能采用大刀进行加工，因此开粗可以选用 D50R2 飞刀进行开粗。

5.3.2 填写 CNC 加工程序单

（1）在立铣加工中心上加工，使用平口板进行装夹。

（2）加工坐标原点的设置：采用四面分中，X、Y 轴取在工件的中心；Z 轴取工件的最高顶平面。

（3）数控加工工艺及刀具选用如加工程序单所示。

模具名称：	PF502 模号：		Core502	操作员：	钟平福	编程员：	钟平福

计划时间：		描述：
实际时间：		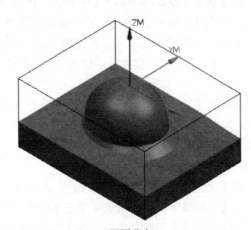
上机时间：		
下机时间：		
工作尺寸	单位：mm	
XC	450	
YC	350	
ZC	208	
工作数量： 1 件		四面分中

程序名称	加工类型	刀具直径/mm	加工深度/mm	加工余量/mm	主轴转速/(r/min)	切削进给/(mm/min)	备注
型腔	开粗	D50R2	−140	0.3	1200	2000	
等高	半精	D20	−140	0.15	2000	1500	
等高	精修	D20	−140	0	3500	1200	
固定	精修	R8	−140	0	4500	1500	

5.4 数控编程操作步骤

步骤 1 运行 NX8.0 软件。

步骤 2 选择主菜单的【文件】|【打开】命令或单击工具栏图标 按钮，系统将弹出【打开部件文件】对话框，在此找到放置练习文件夹 ch5 并选择 core .prt 文件，单击 OK 进入 UG 加工界面，如图 5-18 所示。

步骤 3 创建父节点。

（1）创建程序组。在【加工创建】工具栏中单击图标 按钮，系统弹出【创建程序】对话框，在【名称】文本框中输入 CORE，其余参数按系统默认，单击 确定 完成程序组的创建。

（2）创建刀具组。在【加工创建】工具栏中单击图标 按钮，系统弹出【创建刀具】对话框。

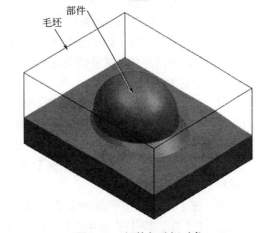

图 5-18 部件与毛坯对象

在【类型】下拉列表中选择【mill_contour】选项。

在【刀具子类型】选项卡中单击图标 按钮。

◯ 在【刀具】下拉列表中选择【GENGRIC_MACHINE】选项。

◯ 在【名称】文本框中输入 D50R2，单击 应用 进入【铣刀-5 参数】设置对话框。

◯ 在【直径】文本框中输入 30；在【底圆角半径】文本框中处输入 5。

◯ 【材料】为 CARBIDE（可点单击图标 进入设置刀具材料）；在【刀具号】文本框中输入 1；在【刀具补偿】文本框中输入 1。其余参数按系统默认，单击 确定 完成 1 号刀具的创建。

◯ 依照上述操作过程，完成 D20、R8 刀具的创建。

（3）创建几何体组。在【加工创建】工具栏中单击图标 按钮，系统弹出【创建几何体】对话框。

① 机床坐标系创建

◯ 在【类型】下拉列表中选择【mill_contour】选项。

◯ 在【几何体子类型】选卡中单击图标 按钮。

◯ 在【几何体】下拉列表中选择【GEOMETRY】。

◯ 【名称】处的几何节点按系统内定的名称【MCS】，接着单击 应用 进入系统弹出【MCS】对话框。

◯ 在【指定 MCS】处单击 （自动判断）然后在作图区选择毛坯顶面为 MCS 放置面，然后单击 确定 ，完成加工坐标系的创建，结果如图 5-19 所示。

② 工件创建

◯ 在【类型】下拉列表中选择【mill_contour】选项。

◯ 在【几何体子类型】选卡中单击图标 按钮。

◯ 在【几何体】下拉列表中选择【MCS】。

◯ 【名称】处的几何节点按系统内定的名

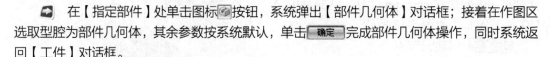

称【WORKPIECE】，单击 确定 进入【工件】对话框。

图 5-19　MCS 放置面

◯ 在【指定部件】处单击图标 按钮，系统弹出【部件几何体】对话框；接着在作图区选取型腔为部件几何体，其余参数按系统默认，单击 确定 完成部件几何体操作，同时系统返回【工件】对话框。

◯ 在【指定毛坯】处单击图标 按钮，系统弹出【毛坯几何体】对话框，接着在作图区选取线框对象为毛坯几何体，其余参数按系统默认，单击 确定 完成毛坯几何体操作，同时系统返回【工件】对话框，再单击 确定 完成工件操作。

（4）创建方法。在【加工创建】工具栏中单击图标 按钮，系统弹出【创建方法】对话框。

◯ 在【类型】下拉列表中选择【mill_contour】选项。在【方法子类型】单击图标 按钮。

◯ 在【方法】下拉列表中选择【METHOD】选项。在【名称】文本框中输入名称 MILL_R，单击 应用 系统弹出【模具粗加工 HSM】对话框；接着在【部件余量】文本框中输入 0.3，其余参数按系统默认，单击 确定 完成模具粗加工 HSM 操作。

◯ 依照上述操作，依次创建 MILL_M（中加工）、MILL_F（精加工），其中半精加工的部件余量为 0.15；精加工部件余量为 0。

步骤 4 创建操作　在【加工创建】工具栏中单击图标 ✦ 按钮，系统弹出【创建工序】对话框。

💭 在【类型】下拉列表中选择【mill_contour】选项。

💭 在【工序子类型】选项卡中单击图标 ⬚ 按钮。

💭 在【程序】下拉列表中选择【CORE】选项为程序名。

💭 在【刀具】下拉列表中选择【D50R2】。

💭 在【几何体】下拉列表中选择【WORKPIECE】选项。

💭 在【方法】下拉列表中选择【MILL_R】选项。

💭 在【名称】文本框中输入 CA1，单击 应用 系统弹出【型腔铣】对话框。

步骤 5 在【型腔铣】对话框中设置如下参数。

（1）刀轨设置

💭 在【切削模式】下拉选项选择【跟随周边】选项。

💭 在【步距】下拉选项选择【刀具平直百分比】选项。

💭 在【平面直径平面直径百分比】文本中输入 70%。

💭 在【每刀的公共深度】下拉选项选择【恒定】，在【最大距离】文本框中输入 0.5，结果如图 5-20 所示。

（2）切削参数设置

💭 在【型腔铣】对话框中单击【切削参数】图标 ⬚ 按钮，系统弹出【切削参数】对话框。

切削模式	🎯 跟随周边
步距	刀具平直百分比
平面直径百分比	70.0000
每刀的公共深度	恒定
最大距离	0.5000 *mm*

图 5-20　刀轨设置

💭 在【切削顺序】下拉选项选取【深度优先】选项。

💭 在【图样方向】下拉菜单选取【向内】选项。

💭 在【壁 ∨】下拉选项勾选 ☑ 岛清理，接着在【壁清理】下拉选项选取【自动】选项，如图 5-21 所示；然后在【切削参数】对话框单击 余量 按钮，系统显示相关余量选项，如图 5-22 所示。

💭 在余量下拉选项中去除 ☑ 使用 "底部面和侧壁余量一致"勾选选项，在【部件底部面余量】处输入 0.1；其余参数按系统默认，单击 确定 完成切削参数操作，同时系统返回【型腔铣】对话框。

图 5-21　切削参数设置

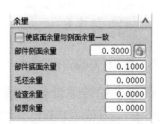

图 5-22　余量相关选项

（3）非切削移动参数设置

💭 在【型腔铣】对话框中单击【非切削移动】图标 ⬚ 按钮，系统弹出【非切削运动】对话框。

① 进刀封密区域参数设置

- 在【进刀类型】下拉选项选取【螺旋】选项。
- 在【直径】文本框中输入 90%。
- 在【斜坡角】文本框中输入 15。
- 在【高度】文本框中输入 3。
- 在【最小安全距离】文本框中输入 1。
- 在【最小斜面长度】文本框中输入 10。

② 进刀开放区域参数设置

- 在【进刀类型】下拉选项选取【圆弧】选项。
- 在【半径】文本框中输入 5mm，结果如图 5-23 所示。

③ 转移/快速参数设置

- 在【非切削运动】对话框中单击 转移/快速 按钮，系统显示相关的转移/快速选项。
- 在【安全设置选项】下拉选项选取【自动平面】选项。
- 在【安全距离】文本框中输入 30。
- 在【转移类型】下拉选项选取【安全距离-刀轴】。
- 在【转移方式】下拉选项选取【进刀/退刀】
- 在【转移类型】下拉选项选取【前一平面】。
- 在【安全距离】文本框中输入 3，其余参数按系统默认，单击 确定 完成【非切削运动】参数设置，结果如图 5-24 所示，同时并返回【型腔铣】对话框。

图 5-23　进刀/退刀参数设置

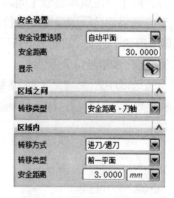

图 5-24　转移/快速参数设置

（4）进给率与主轴转速参数设置

- 在【型腔铣】对话框中单击【进给率和速度】图标 按钮，系统弹出【进给率和速度】对话框。

- 在【主转速度】文本框中输入 1200，接着在【切削】文本框中输入 2000，其余参数按系统默认，单击 确定 完成【进给率和速度】的参数设置。

步骤6 粗加工刀具路径生成　在【型腔铣】对话框中单击生成图标 按钮，系统会开始计算刀具路径，计算完成后，单击 确定 完成粗加工刀具路径操作，结果如图 5-25 所示。

步骤 7 半精加工创建

（1）加工创建　在【加工创建】工具条中单击图标 按钮，系统弹出【创建操作】对话框。

➡ 在【类型】下拉列表中选择【mill_contour】选项。

➡ 在【子类型】选项卡中单击图标 按钮。

➡ 在【程序】下拉列表中选择【CORE】选项为程序名。

➡ 在【刀具】下拉列表中选择【D20】。

➡ 在【几何体】下拉列表中选择【WORK-PIECE】选项。

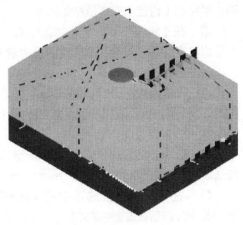

图 5-25　粗加工刀具路径

➡ 在【方法】下拉列表中选择【MILL_M】选项。

➡ 在【名称】一栏为指定为【ZL1】名称，单击 应用 ，进入【深度加工轮廓】对话框。

（2）深度加工轮廓切削区域设置

➡ 在【指定切削区域】选项中单击图标 按钮，系统弹出【切削区域】对话框，接着在作图区选择型腔芯为切削区域，其余参数按系统默认，单击 确定(0) 完成切削区域创建。

（3）深度加工轮廓刀轨设置

➡ 在【陡峭空间范围】下拉选项选择【无】选项。

➡ 在【合并距离】文本框中输入 3。

➡ 在【最小切削深度】文本框中输入 1。

➡ 在【距离】文本框中输入 0.3，结果如图 5-26 所示。

陡峭空间范围	无
合并距离	3.0000(mm
最小切削长度	1.0000(mm
每刀的公共深度	恒定
最大距离	0.3000(mm

图 5-26　刀轨设置

 合并距离可以使用户通过连接不连贯的切削运动从而消除刀轨中小的不连续性或不希望出现的缝隙，因此在加工开放区域时，可以将合并距离设置大些。

（4）切削参数设置

➡ 在【深度加工轮廓】对话框中单击【切削参数】图标 按钮，系统弹出【切削参数】对话框。

➡ 在【切削方向】下拉选项选取 混合 选项，在【切削顺序】下拉选项选取 始终深度优先 选项，接着单击 余量 按钮，系统显余量选项。

➡ 在【余量】选项中勾选 ☑ 使底面余量与侧面余量一致，接着在【部件侧面余量】处输入 0.1，其余参数按系统默认，单击 确定 完成切削参数操作，同时系统返回【深度加工轮廓】对话框。

（5）非切削移动参数设置

① 封密区域设置

➡ 在【深度加工轮廓】对话框中单击图标 按钮，系统弹出【非切削移动】对话框。

➡ 在【非切削移动】对话框中单击 进刀 选项，接着在 进刀类型 下拉选项选取 螺旋 选项，然后在【直径】文本框中输入 90%。

- ➡ 在【斜坡角】文本框中输入 3。
- ➡ 在【最小安全距离】文本框中输入 1。

② 开放区域设置

- ➡ 在进刀类型下拉选项选取 圆弧 ▼ 选项，接着在半径文本框中输入 3mm；设置结果如图 5-27 所示。然后在【非切削移动】对话框中单击 转移/快速 选项，系统显示相关 转移/快速 选项。

③ 转移/快速选项设置

- ➡ 在安全设置选项选取 自动平面 ▼ 选项，在【安全距离】文本框中输入 30；在 区域之间 ▼ 下拉选项中将传递类型选项设置为 安全距离 - 刀轴 ▼ 。
- ➡ 在 区域内 ▼ 下拉选项中将传递使用选项设置为 进刀/退刀 ▼ ，在 转移类型 选项设置为 前一平面 ▼ ，最后在 安全距离 文本框中输入 5，如图 5-28 所示，其余参数按系统默认，单击 确定 完成非切削移动，并返回【深度加工轮廓】对话框。

（6）进给率/转速参数设置

- ➡ 在【深度加工轮廓】对话框中单击【进给率和速度】图标 按钮，系统弹出【进给】对话框。
- ➡ 在【主转速度】文本框中输入 2500。
- ➡ 在【切削】文本框中输入 1200，其余参数按系统默认，单击 确定 完成【进给率和速度】的操作。

图 5-27　进/退刀参数设置结果

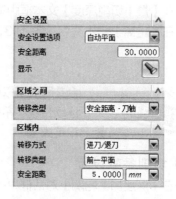

图 5-28　转移/快速参数设置结果

步骤 8 半精加工刀轨生成　在【深度加工轮廓】对话框中单击图标 按钮，系统开始计算刀轨，计算后生成的刀轨如图 5-29 所示。

步骤 9 精加工刀轨创建 1。因上一步半精加工完成后，需要对局部区域进行精加工操作，同时可以采用上一步的加工方法进行完成精加工操作，因此只要将前面的刀具路径进行复制即可。

- ➡ 单击 ⊕ MILL_M 前面的 +，读者会看到名为 ZL1 的刀具路径。
- ➡ 将鼠标移至 ZL1 刀具路径中，单击右键系统弹出快捷方式。
- ➡ 在快捷方式单击【复制】，接着将鼠标移至 MILL_F 中，单击右键系统弹出快捷方式，然后单击【内部粘贴】选项，此时读者可以看到一个过时的刀具路径名 ⊘🔧 ZL1_COPY；最后将 ⊘🔧 ZL1_COPY 更名为 ⊘🔧 ZL2。

　　🔁　在 ⊘🔧 ZL2 对象中双击左键，系统弹出【深度加工轮廓】对话框。

　　步骤10　在【深度加工轮廓】对话框中设置如下参数。

（1）切削参数设置

　　🔁　在【深度加工轮廓】对话框中单击【切削参数】图标 🔲 按钮，系统弹出【切削参数】对话框。

　　🔁　在【切削参数】对话框单击 ▢余量▢ 按钮，系统显余量选项。

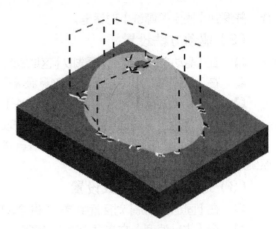

图 5-29　半精加工刀轨结果

　　🔁　在【余量】选项中勾选 ☑使底面余量与侧面余量一致，接着在【部件侧面余量】处输入 0，其余参数按系统默认，单击 ▢确定▢ 完成切削参数操作，同时系统返回【深度加工轮廓】对话框。

（2）进给率/转速参数设置

　　🔁　在【深度加工轮廓】对话框中单击【进给率和速度】图标 🔃 按钮，系统弹出【进给】对话框。

　　🔁　在【主转速度】文本框中输入 4500。

　　🔁　在【切削】文本框中输入 1500，其余参数按系统默认，单击 ▢确定▢ 完成【进给率和速度】的操作。

　　步骤11　精加工刀轨生成 1。在【深度加工轮廓】对话框中单击图标 ▣ 按钮，系统开始计算刀轨，计算后生成的刀轨如图 5-30 所示。

　　步骤12　精加工刀轨创建 2。在【加工创建】工具栏中单击图标 ▸ 按钮，系统弹出【创建操作】对话框。

　　🔁　在【类型】下拉列表中选择【mill_contour】选项。

　　🔁　在【操作子类型】选项卡中单击图标 ↓ 按钮。

　　🔁　在【程序】下拉列表中选择【CORE】选项为程序名。

图 5-30　精加工刀路 1

　　🔁　在【刀具】下拉列表中选择【R8】。

　　🔁　在【几何体】下拉列表中选择【WORKPIECE】选项。

　　🔁　在【方法】下拉列表中选择【MILL_F】选项。

　　🔁　在【名称】文本框中输入 F1，单击 ▢应用▢ 系统弹出【固定轮廓铣】对话框。

　　步骤13　在【固定轮廓铣】对话框中设置如下参数。

（1）切削区域设置

　　🔁　在【指定切削区域】选项中单击图标 🔲 按钮，系统弹出【切削区域】对话框，接着在作图区选择图 5-31 所示的面为切削区域，其余参数按系统默认，单击 ▢确定(O)▢ 完成切削区域操作，并返回【固定轮廓铣】对话框。

（2）驱动方法设置

- 在【驱动方式】下拉选项选取【区域铣削】选项，系统弹出【区域铣削驱动方法】对话框。
- 在【切削模式】下拉选项选取 跟随周边 选项。
- 在【切削方向】下拉选项选取【顺铣】选项。
- 在【步距】下拉选项选取【恒定】选项；在【距离】文本框中输入 0.15。
- 在【步距已应用】下拉选项选取【在部件上】选项，其余参数按系统默认，单击 确定(O) 系统返回【固定轮廓铣】对话框。

（3）进给率/速度参数设置

- 在【固定轮廓铣】对话框中单击【进给率和速度】图标 按钮，系统弹出【进给】对话框。
- 在【主轴速度】文本框中输入 4500。
- 在【切削】文本框中输入 1500，其余参数按系统默认，单击 确定 完成【进给率和速度】的操作。

步骤14 精加工刀具路径生成2。在【固定轮廓铣】对话框中单击生成图标 按钮，系统会开始计算刀具路径，计算完成后，单击 确定 完成精加工刀具路径操作，结果如图 5-32 所示。

图 5-31 切削区域选择结果

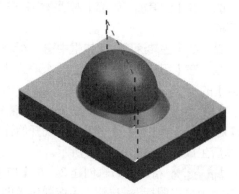

图 5-32 精加工刀路 2

 技能点拨

如果加工比较深的腔体而低面又比较平缓时，则可以利用"陡峭"与"非陡峭"方法进行控制加工区域。

步骤15 刀具路轨验证。在操作导航器工具条中单击图标 按钮，此时操作导航器页面会显示为几何视图，接着单击 MCS图标，此时加工操作工具条激活，然后在加工操作工具条中单击图标 按钮，系统弹出【刀轨可视化】对话框。

- 在【刀轨可视化】对话框中单击 2D 动态 按钮，接着再单击播放图标 按钮，系统会在作图出现仿真操作，结果如图 5-33 所示。

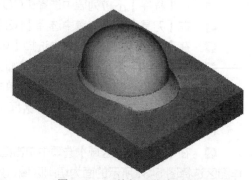

图 5-33 刀轨加工仿真结果

参 考 文 献

[1]　钟平福. UG NX 7.5 产品设计及数控加工案例精析. 北京：化学工业出版社，2011.

[2]　钟平福. UGNX 曲面产品设计范例精讲. 北京：化学工业出版社，2009.

[3]　钟平福等. UGNX 数控自动编程入门与技巧 100 例. 北京：化学工业出版社，2009.